智慧少年

智慧少年书系
ZHI HUI SHAO NIAN SHU XI

学生一定要做的50件事

天下难事，必作于易，平凡小事成就辉煌人生！童年是孩子一生中最宝贵的时光，在这一时期，孩子们该怎么度过呢？

本书用卡通、幽默的手绘漫画，生动的故事向孩子娓娓道来一定要做的50件事。

王星凡◎主编

天津出版传媒集团
天津科学技术出版社

图书在版编目（CIP）数据

学生一定要做的50件事 / 王星凡主编. —天津：
天津科学技术出版社，2012.5（2021.6重印）
（智慧少年书系）
ISBN 978-7-5308-6941-3

Ⅰ.①学… Ⅱ.①王… Ⅲ.①习惯性—能力培养—青
年读物②习惯性—能力培养—少年读物 Ⅳ.①B842.6-49

中国版本图书馆CIP数据核字（2012）第085333号

智慧少年书系——学生一定要做的50件事
ZHIHUI SHAONIAN SHUXI ——XUESHENG YI DINGYAO ZUO DE 50 JIANSHI

责任编辑：杜宇琪
责任印制：刘　彤

出　　版：天津出版传媒集团
　　　　　天津科学技术出版社
地　　址：天津市西康路35号
邮　　编：300051
电　　话：（022）23332399
网　　址：www.tjkjcbs.com.cn
发　　行：新华书店经销
印　　刷：永清县晔盛亚胶印有限公司

开本 690 × 940　1/16　印张 10　字数 200 000
2021年6月第1版第5次印刷
定价：35.00元

前言

童年是什么？

童年是首歌，一首动人心弦的歌。
歌声中，展开梦想的翅膀，在童话的神奇世界中翱翔。
童年是一个梦，一个永远值得回味的梦，
梦境中，第一次看到了大海，在碧水蓝天下想念海的女儿。
童年像什么？
童年像一杯白开水，用无邪的眼睛表达最纯洁的心事，
用善良的心带给别人快乐，拥有最珍贵纯洁的友情。
童年又像打翻的五味瓶，酸、甜、苦、辣、咸，样样具备，
每一种味道都是独特的、真切的，令人久久难忘的。
……
在这本书中，我们记录着你的童年，与你分享着童年。
这里，泛着七彩虹，红、橙、黄、绿、青、蓝、紫，
每一种颜色都描绘着童年时的一个故事。
这里，飘着四季和风，春、夏、秋、冬，
每一个季节里都有新的成长经历。
这里，有着作为小学生必须身体力行的50件事。
看，每一幅美丽幽默的图画都是童年的真实写照；
听，那些启人奋进的小故事犹如春雨般滋润我们的心田；
50件事就像50颗神奇的种子，每一颗都蕴含着做人的哲理和智慧。
所以，现在，就请你在这里种下童年的种子吧，
让它吸吮雨水，沐浴阳光，在真善美的天地间成长！

目录

智慧少年

1 让电脑成为学习的好帮手

书虫物语

别看有些同学年龄小，可却是十足的电脑游戏迷。那些游戏惊心动魄、扣人心弦，让他们舍不得离开，更忘记了其他要做的事情。

有些人会说，玩游戏不但可以开发智力，还可以让人暂时从枯燥的学习中解放出来，得到放松。

虽然如此，但是如果一味沉溺于电脑游戏，只会有更多的坏处：它会使人懒惰，不爱思考；会占用大量的学习时间；玩游戏还会花掉很多零花钱；会影响视力；会消磨意志，使人心情沉重，等等。

所以，我们应该让自己与电脑游戏保持一定距离。

当然，保持距离并不是要完全排斥，我们要好好利用电脑的优点，为我们的学习和生活服务。比如，利用电脑查阅一些学习资料，学习一些有用的软件等等。

所以，不能再光顾着玩电脑游戏，应该多学点电脑知识了。刚开始的时候，你可能会觉得这些知识太枯燥了、太困难了，一点也没有游戏那样好玩。但是，你一定要坚持下来，等你学到一定程度的时候，就会突然发现，电脑已经在你的面前打开了一个无限广阔的丰富世界。

故事奇宫

和电脑游戏说Bye-bye

小威迷上了电脑游戏。那个世界太神奇了，挥动鼠标就可以定义任何角色，将军、骑士、精灵，可以挥兵无数，引领自己的部落一直战斗下去。小威很喜欢这个世界。

但是，不知道为什么，上课不能认真听讲了，看见老师拿着粉笔在黑板上挥来挥去，就会想到要怎么部署才能打通游戏的下一关，手也会在桌子上不自觉地点来点去，一天不摸鼠标就觉得心痒痒的。难道自己生病了吗？

期中考试成绩下来了，名次下滑了十几名，小威有些害怕了。放学后，小威颤颤地来到爸爸身边：“爸爸，我不想再玩游戏了！”小威低下了头。

爸爸心疼地看着小威，“威威，明天是周末，和爸爸一起去钓鱼，怎么样？”小威抬起头惊讶地看着爸爸：“真的吗？”爸爸认真地点了点头。郊外的空气太好了。小威忘记了一切烦恼，像模像样地跟着爸爸学起了钓鱼。收获还不小呢，小威也钓起了一条不大不小的鲤鱼。临走，爸爸摸着小威的头说，“爸爸很高兴你能意识到游戏的危害，以后啊，咱们每周末都搞点活动，这样威威也不会总惦记上网了，怎么样？”小威高兴地点着头：“好耶，可以和电脑游戏说Bye-bye啰！”

从此，小威真的告别了电脑游戏，他的生活也越来越丰富了！

Hi

私人学堂

你是合格网民吗？

1. 控制好上网时间。

2. 选择适合自己的网络信息。不涉足情色、暴力内容。

3. 多与现实中的人交往，让自己生活在周围同伴的友谊之中。

2 对爱你和帮助你的人说“谢谢”

书虫物语

在生活中，你有没有经常说“谢谢”呢？对于麦当劳姐姐的热情服务，出租车叔叔的照顾，雨天头顶上冷不防递过来的帮你挡雨的伞……你有没有及时地表达感激之情呢？要知道，只有那些经常说“谢谢”的人才是一个懂得感恩的人。

有时，一千句、一万句的感激之情，都凝聚在“谢谢”这两个字上了；有时，词山句海的感恩之心，都没有“谢谢”这两个字表达得更完美、更充分、更淋漓尽致！

所以，对于陌生人的善意帮助，对于老师的谆谆教导，对于爸爸妈妈的无私爱心，对于大自然赐予我们的阳光雨露，我们都要怀着感恩的心说一声“谢谢”。说一声“谢谢”，陌生人之间的隔阂没有了，互不相识的人亲近了，人与人之间的关系也由冰山变成了春泉。

如果你想说“谢谢”，就马上说出来吧；如果你怀有感恩之心、感激之情，就尽快把它表达出来吧！要让“谢谢”成为你心灵的白鸽，而不要让它成为长期压在心上的石头。

今天，你说“谢谢”了吗？

故事奇宫

感恩节的故事

感恩节这天，在美丽的校园里发生了这么一件事。

有一位老师在给她的学生讲了感恩节的来历和故事后，要求学生们以感恩节为主题，画下最让他们感激的东西。

老师心里想：能让这些孩子心生感激的事物一定不多，也许多半是桌上的烤火鸡或其他食物。

当这位老师在教室里踱步的时候，却无意中看到一位女学生安娜的图画，那是以幼稚的笔法画成的一只手。看到这幅画时，老师感到很惊讶：为什么她不画食物或者令她感兴趣的东西，而画一只手呢？

“谁的手？”全班学生都被这抽象的内容吸引住了。

接着全班的同学都围了过来，争先恐后地看安娜的画。

“我猜这是上帝赐给我们食物的手。”其中的一个孩子说。

另一个孩子说：“我想这是一位农夫的手。”

老师没有说话，过一会儿全班都安静了下来，大家都继续做自己的事了，老师才过去问安娜：“那到底是谁的手？”

“老师，那是您的手。”安娜低声说。

“那你为什么要画我的手呢？”老师问道。

“因为下课后的休息时间，您常用您的手牵着孤寂无伴的我散步，而且您也经常这样对待其他同学，经常把我们当做您自己的孩子，所以您的手对我来说有着特别的意义。”安娜回答道。

私人学堂

你知道感恩节是哪天吗？

感恩节是美国的一个古老节日，是十一月的第四个星期四。

3 平时努力学习，不临时抱佛脚

书虫物语

有些小朋友平时看电视、玩游戏，到处去玩，把应该当天复习的功课一拖再拖，作业也是丢三落四。到了快考试的时候，他们着急了，到处借笔记。平时不懂的问题堆积得太多，这时也没有办法一下子弄明白。要复习的东西很多，都不知道从哪里入手。害怕时间不够，于是晚上“开夜车”，白天无精打采的，听课效率很差。结果上了考场，看着试卷，大脑里一片空白，考试成绩一塌糊涂。

而有的小朋友每天都会认真完成学习计划，到了考试的时候，该掌握的东西已经十分熟悉了，只要稍微再复习一下，就可以轻轻松松考出好成绩。

所以，如果平时多努力学习，考试的时候就不用临时抱佛脚了。要做到这一点，应该克服懒散和贪玩的习惯。

如果作业还没有完成，即使有再好看的电视节目，也要克制自己的欲望。如果还没有完成今天的学习计划，就不要找借口休息，无论怎样都要想办法完成计划。刚开始这样可能会有点困难，但只要坚持下去，养成一种习惯后，就会取得很好的效果，以后再也不用临时抱佛脚了。

故事奇宫

苏格拉底的考题

苏格拉底是古希腊的大哲学家，他曾经给他的学生出过一道考题。

一天，他对学生们说：“今天咱们只学一件最简单也是最容易的事，即把你的手臂尽量往前甩，再尽量往后甩。”然后自己示范了一遍，“从现在开始，每天甩臂300下。大家能做到吗?”

学生们可能感到这个问题很可笑，这么简单的事怎么能做不到呢?都齐刷刷地回答：“能。”

过了一个月，苏格拉底问道：“每天甩臂300下，哪些同学坚持了?”有90％以上的学生骄傲地举起了手。两个月后，当他再次提到这个问题时，坚持下来的学生只有80％。

一年后，苏格拉底再次问道：“请你们告诉我，最简单的甩臂运动，还有哪些同学坚持每天做?”这时候只有一个学生举起了手，这个学生叫柏拉图，他后来成了古希腊的另一位大哲学家。

Hi

私人学堂

人的正常睡眠时间是多少?

不同的年龄段有不同需要不同的睡眠时间。一般来说，5 岁到 10 岁的儿童晚上需要睡 10~12 个小时，年龄稍大的需要 8~10 个小时，而且中午都需要小憩。所以不要熬夜哦，那样第二天一定会昏昏沉沉，提不起精神的。

4 自己的事自己干，锻炼自立能力

书虫物语

你是温室里的花朵吗？所有的家务都是父母在做吗？早上起床父母帮你收拾书包，帮你叠被子，帮你收拾房间，然后送你去上学。下午回到家后，父母端茶递饭，辅导你做作业，帮你清洗衣物……

如果是这样的话，那从现在开始，你应该改掉这种事事依赖父母的坏习惯了。不管是在学习上还是生活上，遇到难题的时候，不能再让父母替代你完成。自己的事情自己做，哪怕是从洗一双袜子、叠叠被子开始，你也要慢慢学会自立，因为总有一天我们要离开父母，自己成长。如果你连自立的能力都没有，那又如何在这个竞争激烈的社会生存、立足呢？

自己的衣服要自己洗，父母工作忙的时候，要学会自己做饭。生活中的点点滴滴，都可以当成锻炼自立能力的机会。只有这样，你才可以更好地掌握自立的本领，将来外出求学，走上社会，就不会依赖别人，甚至不能照顾自己了。

从现在开始，动手做我们力所能及的事情吧，洗衣服，做饭，整理自己的房间，等等。坚持从一点一滴处做起，相信，不久之后，你一定会有很大的提高。

故事奇宫

求人不如求己

一人在屋檐下躲雨，看见观音正撑伞走过，于是这人说：“观音菩萨，都说您普度众生，请带我一段吧。”

观音说：“我在雨里，你在檐下，而檐下无雨，你不需要我来渡。”

这人立刻跳出檐下，站在雨中，说：“现在我也在雨中了，您该渡我了吧?”

观音说：“你在雨中，我也在雨中，我不被淋，因为有伞；你被雨淋，因为无伞。所以不是我渡自己，而是伞渡我。你要想渡，不必找我，请找伞去!”说完便走了。

第二天，这人遇到了难事，便去寺庙里求观音。走进庙里，才发现观音的像前也有一个人在拜，那个人长得和观音一模一样，丝毫不差。

这人问：“你是观音吗?”

那人答道：“我正是观音。”

这人又问：“那你为何还拜自己?”

观音笑道：“我也遇到了难事，但我知道，求人不如求己。”

私人学堂

西方国家的孩子什么时候开始自立?

西方国家的孩子一般自立能力都很强，最晚18岁他们会脱离家庭。而很多在读的学生会靠打工等方式赚取学费，而不是全部依赖父母。这种自立精神是值得我们借鉴的哦！

5 去郊外踏青，亲近大自然

书虫物语

大自然给了我们很多很多，只有对大自然充满热爱的人，才会对人生充满希望，充满热情。从大自然中，我们也可以学到很多书本上没有的知识，还可以找到很多写作文的素材。

你看，大路旁，小草偷偷探出了翠绿的脑袋，呼吸着散发着泥土芬芳的新鲜空气，吮吸着大地母亲的甘露。田野里，嫩嫩的小麦经过春雨的冲洗，变得更绿了，油菜花也盛开着金黄色的花儿，蜜蜂在花朵上忙碌着，飞来飞去。山腰间，桃树、梨树、杏树都争着开出鲜艳的花，一朵朵，一簇簇，红的像火，粉的像霞，白的像雪。小河边，婀娜的柳树挥动着绿色的手臂婆娑起舞，小鸭子们在水中快乐地嬉戏、追逐，水面上不时漾起圈圈波纹……

常常亲近大自然，不仅能认识大自然中很多有趣的现象，还可以在山清水秀中陶冶情操，使精神舒畅，让身体得到锻炼。

现在，就选择一个阳光明媚的日子，跟爸爸妈妈去郊游踏青，接近大自然吧。

故事奇宫

郊游记

上个星期，老师带着我们去郊外体验大自然的生活。汽车载着我们离开校园，渐渐地远离城市，想象着即将面对的新鲜的一切，我们都很激动，一路上不停地唱歌。

到达目的地时天已经黑了，老师和当地的老乡安排我们住宿。郊外的晚上特别安静，偶尔会听到几声犬吠。在好奇与期盼中，我们渐渐入睡。

这一夜我睡得很安稳。早上醒来在院子里洗脸，一条小狗跑到我身边，轻轻地咬住我的裤脚。摸摸它的头，想起家里被妈妈宠爱的小狗“点点”，我有点想家了。

老师带我们走进田野，向我们讲解树叶的生长方式，什么对生、旁生、侧生、轮生等，长了不少见识。

老师问我们榨菜是长在地上的还是地下的。有的说是地上的，有的说是地下的。还有人说一半在地上，一半在地下。老师笑着带我们亲自察看了榨菜的生长方式。

下午，离别的时间到了，我们都有点依依不舍。这里的老乡很好客，他们就像对待自己的孩子那样关心我们。这里的空气很新鲜，晚上很宁静，没有城市的烦躁和喧哗。老乡的生活也很辛苦，一年四季难得有清闲的时候。但我们的收获很大，见识了很多新鲜的东西，学到了很多学校里没有的东西。如果还有这样的机会，我们一定会再来的。

Hi

私人学堂

在下面写上你最喜欢的植物，并请告诉我原因！

我最喜爱的植物是________，因为______________

____。

6 养一只小狗，与它成为好朋友

书虫物语

狗对朋友最忠诚了。一旦你与它成为朋友，它会全心全意为你服务，把你当成最好的朋友，不仅分享你的快乐，在你不开心的时候，它也会默默陪伴、分担忧愁。

除了忠诚，动物身上还有其他很多地方也值得我们学习。就拿动物的孝敬来说吧：骆驼长途跋涉后休息时，老骆驼不必自己梳洗，小骆驼会亲昵地为它舔毛，直到它满意为止；羚羊不敢慢待长者，群体休息时，只要有一只老羚羊站着，小辈们就不敢躺下。

这些可爱的动物，和我们人类共同拥有地球这个美丽的家园。然而，现在地球上每天都有某种动物面临灭绝。因为环境被破坏，因为我们人类的贪吃，世界上的动物正在不断减少。如果最后地球上只剩下了我们人类，那么人类离毁灭的日子也就不远了。

生命对我们人类来说只有一次，对于自然界的动物来说也只有一次。为了大自然的和谐，为了我们人类，我们应该和动物友好地共同生活在地球上。

所以，我们从小就要做一个心地善良、富于感情的人，不仅要爱我们的亲人、朋友，也要关心、爱护每一只小鸟、每一只小狗，让它们能够自由自在地生活，让我们的共同家园更加美丽温暖。

故事奇宫

一只小狗的自述

我被关在一个四面都出不去的地方，这里虽然不大，可却有我的许多同伴，我们蜷在一起，依偎着。

一只大手伸了进来，他拉住了我，把我放在了一个陌生的地方，我被吓坏了，心里想着该怎么逃走。我被一个小女孩抱起来。我心里怦怦直跳，傻傻地望着她。她穿着天蓝色的裙子，头上有个蝴蝶结，看起来很可爱。不知他们谈了些什么，我被小女孩和大个子给带走了。

“到了，妈妈，快来开门！”我被小女孩带到了一个地方，她把我放在地上。“啊！这是什么味？好香哟！”这小盘子里有些东西，我舔了一下，好吃，于是大口大口地吃起来。哈哈，饱了！我懒懒地打个哈欠，想睡了，于是慢慢地来回走着。只听见小女孩大声地笑，也不知她笑什么。我又被抱到一个地方，这里好暖和，我趴着睡着了。

渐渐地，我知道那个小女孩叫“琦琦”，是我的小主人。我也有了个名字叫“乐乐”，每次她一叫我，我就飞快地跑过去。我和她是最好的朋友，每次她还没到家门，我一闻到她身上的香味，就在大门外等她，见到她就高兴地跑过去，有时候咬到她的袜子，她也不会骂我。

有一次我不小心走丢了，又冷又饿，突然我听到好像有人叫我。

“乐乐，乐乐！”这声音怎么这么熟悉，好像有琦琦的味道，这味道越来越近了。那个打伞的不正是琦琦吗？我丢掉嘴里的骨头，飞快地跑过去。琦琦抱起了我，爱怜地呼唤我的名字，我高兴地舔她的脸，虽然我很脏，可我们却紧紧地抱在一起。

私人学堂

你知道为什么小狗的鼻子总是湿湿的吗？

狗鼻子一直都是湿湿的，因为它的鼻子里会一直分泌出分泌物，让鼻子常保湿润，这样才能使嗅觉更加敏锐。

7 专心致志学习，开开心心玩耍

书虫物语

问一问我们自己吧，在学习和生活中，是专心致志做一件事情呢，还是做什么都三心二意，结果什么都没有做好呢？

打个简单的比喻，写作业的时候看到小伙伴们正在楼下嬉闹，开始觉得心里痒痒的，很想放下手中的作业与他们一起玩耍，于是，再难以专心致志地学习，心里净想着要怎么玩了，结果一个小时过去了，本可以半个小时完成的作业没完成，也没有好好地去玩。多亏啊！

学习的时候只想着学习的事情，不要想和谁去玩、下午要去踢球等其他事情，也不要听歌或看电视，应该一心一意地把眼前的事情做好，这样才能获得最好的学习效果。只有学习的时候专心致志，玩耍的时候才能开开心心。

做任何其他的事情也是如此。如果你下决心要学习舞蹈或钢琴，就要一心一意努力去学好。如果刚学了一点点又突发奇想要学别的，或者在练习的时候抱怨不能出去玩，一边练习一边却想着别的事情，这样下去，只能半途而废，最后什么也没有得到。

故事奇宫

白头翁的故事

从前有一只美丽的小鸟，想学点本领。一天，它看见喜鹊在大树上搭窝，觉得很有意思，决定跟喜鹊学搭窝。开始它学得很认真，可是没过多久就厌倦了。它说：“天天衔树枝，太累了！”就不再学搭窝了。

一天，它听见黄莺在唱歌，唱得很好听，决定跟黄莺学唱歌。开头它学得挺认真，可是没过多久又厌倦了。它说：“学唱歌要天天练嗓子，我可受不了！”就不再学唱歌了。

以后它又跟大雁学飞行，跟老鹰学打猎，也都是有始无终，没有一件事情能够坚持下去。日子一天一天地过去，直到头发全白了，它还是什么本领也没学到。

从此，它把一头白发传给子孙，让它们世世代代记住这个教训。后来，人们叫它们“白头翁”。

Hi

私人学堂

你能专心致志地学习吗？

做作业的时候，放一个小闹钟在旁边，然后在下面的空格中填上你的时间表。

现在是____点____分，开始做作业啰！

现在是____点____分，我的注意力不太集中了，因为________________。

现在是____点____分，我正在________________。

8 每天一则日记，记录童年的精彩片断

书虫物语

别忘了，日记是我们最忠实的朋友，无论你感到多么气愤、高兴、害怕或困惑，它是你能够毫无保留地表露内心感受的唯一之地。你可以在日记中倾诉任何心事，它只会静静地坐在那里倾听，不搭一句话，而且也不会在你背后说坏话。

通过写日记还能促使你更加清楚地认识自己。读一读过去的日记，能够找到很多乐趣，能认识到自己成长了许多，从前的你是那么幼稚，却又是那么可爱。

当然，刚开始写日记的时候会碰到很多问题。比如，面对摊开的新一页，该如何下笔呢？每天都要面对很多人，熟悉的、陌生的，哪一个让你有所感触呢？每时每刻都有不同的情绪在你心里，哪一种又是你认为应该捕捉的呢？快乐的，忧伤的，矛盾的，激动的，该如何去描述呢？

所以，我们要学会留心观察生活。学校的生活丰富多彩，每天接触家长、老师和同学，对我们有影响的人和事一定不少，只要我们善于注意身边的一切，就一定能写出有意义的人和事，写出自己心灵深处的体验。

只要我们坚持写下去，从刚开始的十几个字到几百字，记录下童年精彩的点点滴滴，不知不觉间，我们的写作能力就提高了，而我们也长大了许多。

故事奇宫

日记本的秘密

一个男孩的思想非常活跃，他总喜欢把自己的想法写在日记本上。

最近，他发现自己的日记本经常被人翻动，于是，他怀疑妈妈偷看了他的日记，但一直都没有证据。

一天，他伏在桌上写了一篇日记：“妈妈，您头上的白头发又多了起来，您这是为我累的啊！妈妈，您一定要珍惜自己的身体啊！为了表达我对您的爱，我把您的白头发珍藏在日记本里。”

当天晚上，妈妈又去翻看儿子的日记，当她看到这一段文字时，感动得流下了眼泪。看完后，她发现本子里没有白头发，以为是自己弄丢了，就从头上拔了一根白头发，夹在了儿子的日记本里。

第二天，男孩拿出日记本，发现了白头发，就对妈妈说：“妈妈，昨天您又看了我的日记！”

“怎么会呢？”妈妈装傻。

“你看，这不是有您的白头发吗？”

“傻孩子，”妈妈微笑着说，“那不是你自己放进去的吗？”

才说完，妈妈就发现自己说漏了嘴。“怎么样，露馅了吧！”儿子笑着说，“我根本就没有放白头发！”

从此以后，妈妈再没有偷看过儿子的日记。

Hi

私人学堂

怎样才能长久保存书籍呢？

在通风良好的阴暗房间里，把书直立存放。在书架上放一些防腐剂，并一年把书籍拿出去晒一次。这样才不会长书虫。

9 克服健忘，做一个记忆高手

书虫物语

很多小朋友都是丢三落四，忘东忘西，上课的时候不是忘了笔就是少了作业；有的呢，总说自己记不住课文，老师检查背诵，他总是最后一个合格的。其实，归纳来说，无非两点，一是不够细致，二是没有掌握记忆的诀窍和方法。

这里就让我们一起来看一些方法吧！

第一，记忆的时候，要保持愉快的心情。精神状态好、心情愉快的时候去学习，就很容易理解，记忆效果也很好。如果心情不好，就难以读进去，效果极差，甚至半天也不知道自己看了些什么。

第二，不要长时间学习同一种东西。我们在学习的时候，最好是同一种东西只学 30 分钟，然后学习另外一种不同的内容，这样不断地交替。

第三，学习的时候要多动手。学习的时候，光眼睛看还不够，还要多动手，比如，拿一个草稿本，记上关键语句。

第四，制作学习小卡片。把要记忆的材料抄在卡片上，随时拿出来复习，这就是卡片记忆法。一张张卡片犹如记忆的仓库，对增强记忆力来说，效果很好。

当然，提高记忆力的方法还有很多。只要用心去发现、体会，相信你也可以成为一个记忆高手。

故事奇宫

陈正之求学记

宋朝有个读书人叫陈正之，他看书看得特别快，抓住一本书就一个劲地赶着往下读，一目十行。可是看后他发现，效果很差：读过的书如同过眼云烟，很快就忘记了。这使他非常苦恼，疑心自己

是否记忆力不佳。

有一天，陈正之遇到了当时的著名学者朱熹，于是向他请教。朱熹询问了他的读书过程之后，给了他一番忠告：以后读书不要只贪快，哪怕每次只读了50个字，重复读上多遍，也比这样一味往前赶效果好。

陈正之这才明白，他读过的书之所以记不住，不是因为他的记性不好，而是目的不明确，方法不对。他把多读书当成了目的，忽视了对书的理解和记忆，当然没什么意义了。

于是，陈正之接受了朱熹的劝告，不求多、快，而求理解。他慢慢地发现，能记忆的内容越来越多，书读起来也越来越有意思了呢！

Hi

私人学堂

我是不是有健忘症?

一般来说，我们大多数同学的健忘是粗心的坏习惯导致的，只要我们细致一些，养成好习惯，慢慢就能改掉这个毛病哦！

10 在你生日的那天，为爸爸妈妈做一件事

书虫物语

我们每个小朋友都盼望着自己的生日，因为，在那一天，我们总能收到爸爸妈妈精心准备的礼物，总能得到自己想要的东西。但是，你有没有想过，过生日，难道就是等着爸爸妈妈准备精美的礼物，然后出去游玩一天吗？有没有比这更有意义的呢？

爸爸妈妈为了生活而忙碌，已经太累了，在过去的时间里，他们为培养我们，付出了许多代价。所以，我们应该在生日这天，做一些有意义的事情，向他们证明："我已经长大了，请爸爸妈妈放心！"

那么，我们可以做哪些有意义的事情呢？在你生日的这一天，帮助妈妈做些力所能及的家务，在爸爸下班回家的时候，为他泡一杯清香的热茶，或者给他们捶捶背，给他们讲一个故事……

小朋友们，记住，过生日的时候不要只是一味地索取，应该为爱你们的人做点有意义的事情。

故事奇宫

最美丽的手

这天，老师向同学们提出了一个问题："这几天有谁过生日了吗？"凯瑟琳和玛丽举起手来。

凯瑟琳生活在一个富裕的家庭。闲暇的时候，她会用那一双修长而优美的手弹奏钢琴。而玛丽很小的时候父亲就去世了，母亲带着她过着艰难的日子，每天她都不得不帮助母亲努力做家务。

这时候老师又问：“凯瑟琳，你的生日是怎么过的呢？”

“我的爸爸妈妈带我去游乐园玩，后来又去海上公园，晚上我们在美丽的烛光下唱生日歌，爸爸送我一块美丽的手表，对，就是这个！”凯瑟琳得意洋洋地举起那只带着新手表的手。

老师点点头，又问玛丽：“你又是怎么过的呢？你的手怎么了？”

此刻，凯瑟琳看见玛丽举起的手又红又肿，她得意地想：“玛丽的手看起来好粗糙啊！”

玛丽的脸红了，她轻声说：“昨天是我的生日。妈妈身体不好，我就把所有的衣服都洗了，妈妈很开心，但是我的手……不过没关系，过几天就好了！”

教室里静悄悄的。老师走到玛丽身旁，举起那双又红又肿的手，说：“我想，玛丽过了一个最有意义的生日。玛丽的手是我们班上学生中最美丽的手。”

老师又说：“孩子们，记住，过生日的时候不要只是一味地索取，应该为爱你们的人做点有意义的事情。”

Hi

私人学堂

你能一口气说出爸爸妈妈的生日吗？

写在这里吧！

妈妈的生日是____月____日。

爸爸的生日是____月____日。

11 与老师谈心

小贝，下课后到
我办公室来一趟。
难道乱写乱画
被老师发现了？
请进！
哦，小贝啊！
别紧张，
老师找你谈心。
班主任办公室
哈哈
哈……
谢谢老师！

书虫物语

想想看，在你的生活中是不是也有这样一位老师：他用好听的声音给你讲述神奇的故事；他对你谆谆教导，引用很多故事只为让你明白一个简单的道理；当你做错事情的时候，他静静地看着你，直到你鼓起勇气承认错误为止；当你在困难面前打退堂鼓的时候，他站在旁边为你加油，眼中写满了鼓励的话语；当你感到自卑的时候，他轻轻地告诉大家，你身上有很多令人羡慕的优点。

没有一个老师不爱自己的学生，没有一个老师不希望自己的学生优秀。所以面对老师的教诲，我们要怀着感激的心情仔细聆听。当你遇到什么难解的事情的时候，可以找老师谈心，详细地告诉他你的想法，他不仅是你的朋友，可以倾听你的心声，还是一个智慧的长者，会给你指点迷津，让你找到全新的自我。

所以，找一个合适的机会，和老师谈谈心吧。

故事奇宫

爱的力量

有一个女孩，一生下来就是裂唇，同学们总用异样的讥嘲的眼光看她。她认定自己的模样令人厌恶：一副畸形难看的嘴唇，弯曲的鼻子，倾斜的牙齿，说起话来还结巴。

上二年级时，学校新来了一位姓金的老师，刚好教女孩所在的那个班级。每个孩子都敬慕她，喜欢和她亲近。

这个学校规定，低年级同学每年都要举行“耳语测验”。孩子们依次走到教室的门边，用右手捂着右边耳朵，然后老师在她的讲台上轻轻说一句话，再由那个孩子把话复述出来。

这次，和往常一样，女孩又是最后一个。每个孩子都兴高采烈，因为他们的“耳语测验”做得很好。女孩心想，老师会说什么呢？以前，老师们一般总是说“天空是蓝色的”或者“春天真美丽”等等。

终于轮到女孩了，女孩等待着……

忽然，金老师说了几个字，这几个字仿佛是一束温暖的阳光直射女孩的心田，抚慰了女孩受伤的、幼小的心灵。

这位微胖、温馨可爱的老师轻轻说道：“我希望你是我女儿！”

短短几个字，改变了女孩对人生的看法，从此，她变得快乐，而且自信和勇气一天天增长，而这种爱的力量一直伴随她走过人生路上的风风雨雨。

Hi

私人学堂

你知道教师节是哪天吗？

每年的9月10日就是教师节，它是所有老师的节日。别忘了在那一天向老师问候哦！

12 种一棵树，与小树一起长大

书虫物语

其实，每个人小的时候都是一棵小树，只是有的健壮，有的弱小。很多人认为，只有健壮的小树才能长成参天大树。其实，看似弱小的小树也有非凡的力量，它有更强的信念，只要给它阳光，给它养料，凭着它不屈的意志，就能长成一棵参天大树，用它的枝繁叶茂报答人们。

种植一棵小树，看着它成长也就看到了我们自己的成长。何乐而不为呢?

有的小朋友该发问了，我家里没有地方种小树怎么办啊? 小树可不一定要种到家里，在你家楼下的绿地种植一棵小树也不错嘛! 只要按时为它浇水、施肥，为它清除小虫，它就会茁壮成长了。这里还要提醒小朋友们，可不能只有三天的热乎劲儿，既然你种下了它，你就有责任让它好好成长。如果把它抛弃到一边，隔不了多少时日，小树就会枯萎、死亡，也就没有了生命。

所以，一旦决定了要种一棵小树，就要用爱心浇灌它，跟它一起听小鸟歌唱，跟它一起和风玩游戏，陪伴它经历风风雨雨，陪伴它一起成长。

小朋友，你能做到吗?

故事奇宫

信 念

小时候，他患了脊髓灰质炎，结果留下了瘸腿和参差不齐且凸出的牙齿，因此他认为自己是这个世界上最不幸的孩子。上学后，他很少与同学们一起游戏和玩耍，上课从不主动回答问题。

春天来了，他的父亲从集市上买了一棵树苗，想给他一些启示。

他慢慢地走过去，发现这棵树苗没有叶子，沾满了泥土，而且又细又小。他很失望，但父亲的眼睛告诉他：“孩子，不要抛弃它！”

他很勉强地种下这棵树苗。不知怎么，他突然很希望自己栽的那棵树早日死去。因此浇过一两次水后，他再也没去搭理它。

几天后，他去看自己种的那棵树时，惊奇地发现它不仅没有枯萎，而且还长出了几片新叶子。他的心里升起一股希望：原来这棵小树苗也是有生命力的，幸好我还没有放弃。从这以后，他天天给小树苗浇水，为了让小树苗长得更好，有时还去挖肥泥给它当肥料。

有一天，父亲看见他在浇水，就走过来说：“这棵小树原来并不茁壮，现在却长得很好。你知道这是为什么吗？”他骄傲地说：“因为我天天在照顾它！”父亲点了点头说：“对。因为你付出的心血比别人多，当然收获也比别人多。更重要的是，这棵小树苗并没有因为自己弱小而放弃了生长的信念，你说是吗？”

是啊，要是小树苗一开始就自暴自弃，那还能有今天吗？

他渐渐变得开朗，学习也更加努力了。每当遇到挫折的时候，他就对小树说：“我相信你一定可以长成参天大树。”

Hi

私人学堂

你知道植树节吗？

植树节是美国内布拉斯加州发起的。1979 年，在邓小平的提议下，第五届全国人大常委会第六次会议决定每年 3 月 12 日为我国的植树节。在这一天，社会各界都会组织大型的植树活动，每一个人都可以参加哦！

13 早睡早起，告别瞌睡虫

书虫物语

我们的身体在充分地利用早晨后，才能开始充满活力的一天。我们的大脑也是如此，晚上精神疲惫地学习，不如利用清早呼吸新鲜空气，顺便花一点时间学习，不但事半功倍，更可提升记忆力。

良好的睡眠不仅可以使大脑得到休息、放松，还可以帮助你整理白天学过的知识。有时你会惊奇地发现，头一天不太清晰的学习内容，到了第二天早晨，竟然已经想通了。

良好的睡眠还可以加强对当天学习内容的记忆。睡觉之前，如果你轻松自然地把知识点在大脑中过滤一遍，第二天会记忆得更清楚，长期下去，还可以建立长久牢固的记忆。

所以养成早睡早起的习惯，能保证充足的睡眠，告别瞌睡虫，轻轻松松学习，何乐而不为？

如果已经有熬夜和睡懒觉的习惯，那么从现在开始，一定要改掉这个不良习惯。

故事奇宫

闻鸡起舞

中国晋代有个有名的大将名叫祖逖。

他是个胸怀坦荡、具有远大抱负的人。然而小时候的祖逖却是个不爱读书的淘气孩子，总想着玩。随着年龄的增大，他慢慢意识到自己知识的贫乏，深感不读书无以报效国家，于是便发奋读起书来。

他广泛阅读书籍，认真学习历史，从中汲取了丰富的知识，学问大有长进。他曾几次进出京都洛阳，接触过他的人都说，祖逖是个能辅佐帝王治理国家的人才。经过不懈地努力，后来祖逖终于博得了一官半职。

祖逖有个非常要好的朋友叫刘琨。两人是发小，还一起共事，感情深厚，不仅常常同床而卧，同被而眠，而且还有着共同的远大理想：建功立业，复兴晋国，成为国家的栋梁之才。一次，半夜里祖逖在睡梦中听到公鸡的鸣叫声，他一脚把刘琨踢醒，说道：“别人都认为半夜听见鸡叫不吉利，我偏不这样想，咱们干脆以后听见鸡叫就起床练剑如何？”刘琨欣然同意。于是他们每天鸡叫后就起床练剑，春去冬来，寒来暑往，从不间断。功夫不负有心人，经过长期的刻苦学习和训练，他们终于成为能文能武的全才，既能写得一手好文章，又能带兵打胜仗。祖逖被封为镇西将军，实现了他报效国家的愿望；刘琨做了都督，兼管并、冀、幽三州的军事，也充分发挥了他的文才武略。

而这也是“闻鸡起舞”一词的由来。

Hi

私人学堂

人为什么会打哈欠呢?

这是大脑在向我们发出警告，在告诉我们神经已经变得迟钝，需要休息了。而且，哈欠是会传染的哦！

14 去看大海，聆听海的故事

书虫物语

你见过大海吗？蓝蓝的天，蓝蓝的水，在遥远的天边，海和天连成了一条线，再也分不清彼此。奔腾的波涛，一浪接一浪，拍打着海岸。人站在海边，任海风徐徐地吹来，听着海涛声，看着壮阔的海景。你能想象那有多么美吗？

面对大海的时候，我们不仅能感觉到碧水蓝天的美丽，还可以感觉到大海宽广无边的豪迈，那样一种海阔天空可以让我们的视野无边地扩大，让我们的心胸更加开阔，看得更远，立大志成大事。

“我有一所房子，面朝大海，春暖花开。”这是诗人海子的诗歌中非常著名的一句，给我们留下了无穷的遐想。

我们要站在海边，感受大海的宽广无边。我们要勇敢地迎接海浪，接受一次又一次的挑战。我们要在大海的碧水蓝天下做一个美丽的遥远的梦。我们还要捡一些美丽的贝壳，在记忆里留下一段最珍贵的故事。

故事奇宫

青蛙与海龟

有一天，青蛙在井边碰上了一只从海里来的海龟。

青蛙对海龟说：“你看，我住在这里多快乐啊！有时高兴了，就在井栏边尽情地蹦跳玩耍。疲倦了，就回到井里，在砖洞里美美地睡上一觉。有时候就安安静静地把全身泡在水里，只留出头和嘴巴。有时候就在软绵绵的泥浆里散步，这样的生活多么惬意美好啊。看看那些虾和蝌蚪，谁也比不上我。而且,我是这个井里的主人，能够自由自在地尽情享受其中的乐趣。朋友，你为什么不到我的井里来参观参观呢？”

大龟接受了青蛙的邀请，准备到井里去看看。但它的左脚还没有整个伸进去，右脚就已经绊住了。它连忙后退了两步，对青蛙说：“你这井太小了！”

青蛙诧异地问：“难道你住的地方，比这还要大吗？”

于是海龟就站在井边给青蛙描述大海的奇观：“海有多大呢？即使用千里之遥的距离来形容，也表达不了它的壮阔；用千丈之高的大山来比喻，也比不上它的深度。夏禹的时候，十年有九年下大雨，洪水泛滥成灾，海面却也不见丝毫增高；商汤的时候，八年里有七年大旱，土地都裂了缝，海面却也丝毫不见降低。能够生活在大海，在无边无际的大海里畅游，那才是真正的快乐呢！”

井底的青蛙听了海龟的话，吃惊地待在那里，再也没话可说了。

Hi

私人学堂

你知道大海里都有什么吗？

大海里可不单单只有鱼哦！大海是一个丰富的资源宝库，那里有丰富的矿藏、生物资源，种类多达20万种以上。海底还生长着许多水草和藻类植物。可以说，海底是一个景色奇异、物产丰富的蓝色宝库。

15 自我反省，不在同一地方跌倒

书虫物语

人类发明了镜子，“以铜为镜，可以正衣冠；以人为镜，可以明得失”，但是有了镜子以后，我们就真的有了自知之明吗？

很多人犯了错误之后，只是抱怨一声就完了，并没有去认真反省自己错在哪里，结果到了下次，又犯了同样的错误。我们当中有些同学也有这种坏习惯。比如在考卷发下来后，他们关心的只是那个鲜红的分数，从来不去看看是哪里错了，为什么会错。结果到了下一次考试的时候，以前错过的地方照样犯错，以前不会做的题目现在仍然不会做。这样的学习态度怎么可能提高学习成绩呢？

人不怕犯错误，关键是要知错能改。我们对所犯的每一次错误，都要认真分析，认真记录，避免下次重蹈覆辙。这样，错误就变成了经验。在某种程度上，这些经验比最后的结果还要宝贵。

对待学习是如此，对待生活中的每一件事情同样应该如此。犯了错误，要懂得回头，不能钻进牛角尖，从此一错再错下去。

从现在开始，每天抽出一定的时间作自我反省，并长期坚持下去，养成一种好习惯。自我反省会让我们发现问题，然后继续改进，这样就会让我们的学习和生活更加有效率，更加完美。

故事奇宫

记住，你不会念拉丁文

杰克是小学三年级的学生，聪明好学，勤奋向上。这一次，他又获得了班上的最佳朗诵奖，心里像吃了蜜一样甜。回到家后，他把朗诵稿交给女佣，得意地对她说：“安妮，你念一段给我听听，怎么样?”

这个善良的女人拿起朗诵稿，仔细地看了一遍，然后结结巴巴地说：“杰克，我不认识这些字。”杰克更加得意了，他快速地冲进客厅，得意忘形地对父亲喊道：“爸爸，安妮不识字，可是我这么小，就得了朗读奖状，这是多么了不起啊。再看看安妮，拿着一本书却不会读，我不知道她心里是什么滋味。”

父亲看了看杰克，没有说一句话，他走到书架旁，取下一本书，递给他说：“你看看这本书，就能体会到她心里的滋味了。”那本书是用拉丁文字写的，杰克大字不识一个。于是他认识到了自己妄自吹嘘的错误，原来自己不懂的还有很多。

以后，杰克永远都放有忘记那次的教训，无论什么时候，只要想在别人面前吹嘘的时候，他就马上提醒自己：“记住，你不会念拉丁文！”

Hi

私人学堂

什么错误是让你记忆深刻的?

如果你还能记得就把它记下吧，想想在同样的问题中你有没有再犯这样的错误。

____

____

____

16 参观博物馆，增长见识

书虫物语

你常去博物馆吗？在博物馆里面，你学到了什么呢？

博物馆里面，珍藏着历朝历代的文化艺术产品，这些文化艺术产品无声地向我们展示了历史发展的轨迹，告诉我们人类的智慧是如何一步步发展的。

在博物馆里面，在玻璃展柜后，在聚光灯下，那些历朝历代的文化艺术产品，那些黑白照片，让我们展开了丰富的联想，我们好像走进了漫长的历史长廊，去亲身经历那些难忘的故事。

每个国家都会有自己别具特色的博物馆，我们中国也是。北京的故宫博物院就是一个极具中国特色的博物馆，它珍藏了历代皇室的珍奇之物，从中，我们能深刻体会到古代中国的辉煌与壮丽，也能更深一层了解中国的历史。此外，还有北京历史博物馆、天津自然博物馆、上海古代艺术博物馆等，参观这些博物馆，肯定会有意想不到的收获，可以增长见识，引发学习的兴趣，丰富我们的知识。

所以，我们应利用节假日的机会，去参观这些博物馆，探索历史和自然的秘密。参观完，最好能够写一些参观日记，把自己的感想随时记下来。

故事奇宫

海洋博物馆观后感

今天妈妈带我参观了海洋博物馆，你能想象出这里有多神奇吗？

这里是蓝色的世界，有无数种我叫不出名字的鱼儿，它们畅快地游来游去，一点都不在乎周围的人对它们“指指点点”，似乎还乐在其中呢！

你看，这群小鱼游得多开心啊，好可爱呢！我正想把脸凑过去看仔细，旁边的解说员阿姨就笑着说：“小朋友对食人鱼感兴趣吗？”

食人鱼？太可怕了！“阿姨，您说这是食人鱼吗？可是它们长得那么小，您看，那边的鲨鱼多大啊！”我好奇地问道。“呵呵，这群看似不起眼的鱼儿真的是食人鱼，它们个头不大，却是群居动物，而且性情凶残，连一头牛都能吃下，可不能小觑哦！”

阿姨的一席话吓得我背后都冒起了冷汗，还真是不看不知道呢！这周末，我打算去图书馆查阅食人鱼的相关资料，挺有趣的！

整个参观最值得的一提的是海豚表演。打圈、顶球、带着工作人员冲浪……它们实在是太聪明了，好像能听懂人类的语言一样，迎来了观众的阵阵掌声，真不愧是海洋世界的精灵。

临出馆的时候，解说阿姨还送了我一只玩具海豚作为纪念，我想，我会好好珍藏它的。

私人学堂

你知道世界著名的巴黎卢浮宫吗？

1793 年，卢浮宫博物馆由法兰西共和国建立。里面珍藏着达·芬奇的《蒙娜丽莎》、亚力山德罗斯的《维纳斯》、萨莫特拉斯的《胜利女神》等著名艺术作品。值得一提的还有卢浮宫正门入口处的透明金字塔建筑，它的设计者是著名的美籍华人建筑师贝聿铭哦。

17 爱护环境，当一个环保主义者

书虫物语

地球是我们共同的家园，很难想象，如果有一天这个家园被我们自己毁坏了，那时候我们要怎样生活。所以，爱护环境，人人有责。爱护环境，从我做起，从身边的小事做起。

我们要爱惜每一滴水。我国水资源人均量并不丰富，地区分布十分不均衡。加上天气变化莫测，每年的降水量差别都很大。在这种情况下，很多地区长年缺水，有时为了挑上一桶水要走上十里地，这些，你能想象吗？

我们要爱护每一棵花草树木。树木能净化空气，能进行光合作用，吸收二氧化碳，放出氧气，树木还可以涵养水源、保持水土、防风固沙、保护农田……树木的作用这么多，我们怎么忍心去伤害它呢？

当然，保护我们的地球，爱护环境，绝不单单就是爱护花草树木、珍惜水，还有很多事可以去做，比如不随地吐痰，节约使用各种资源等。只要我们用心，相信为环境我们可以做的还有很多很多。

现在，就让我们行动起来吧！

故事奇宫

一条小河的自述

我是一条小河，一条清澈的小河，小鱼、小虾、小螃蟹是我的孩子，河边的柳树、芦苇，还有飞来飞去的小鸟都是我的朋友。我每天唱着欢快的歌儿，和我的孩子做游戏。

我曾经是人类的好朋友，孩子们在我的怀抱里嬉戏，妇女们在我这里清洗衣物。人们还把我引到水库，流进发电厂转换成电，给人类带来光明。我为自己感到骄傲自豪，因为我能为人们带来无限的欢乐。

可是不知从哪天起，我的身体开始不舒服了，我的孩子也不断生病、死亡。原来人们在我身边建起了一座座工厂，乌黑的废水流进我的体内。他们还把各种垃圾随意丢在我的身上，原来不断流淌的河水被堵住了，开始发黑、发臭，蚊子、苍蝇在我身上繁殖、生长。人们从我身边经过时，都捂着鼻子，一脸厌恶。我伤心地哭了，流出来的泪水也是乌黑浑浊的，令人惨不忍睹。

人类啊，你们为什么要这样做?

我问大海伯伯，大海伯伯慨然悲歌：“受残害的不仅是你，连我也受到了污染……”

我问太阳公公，太阳公公摇头叹息：“可悲的人类，他们总有一天会后悔的！”

岸边的柳树、芦苇已经受不了污染了，它们日渐枯萎，可爱的小鸟也不再与我玩耍。

人类，救救我这条曾经属于你们的小河流吧！

Hi

私人学堂

你知道世界环保日吗?

每年的6月5日都是世界环保日，在这一天，世界各国都要举行群众性的环保活动，不要忘了参与其中哦！

18 自己动手，制定一个学习计划

书虫物语

时间是最公道的，对任何人都一视同仁，每人每天 24 小时，不会多，也绝不会少。可是，不同的人利用时间的效果却大不相同。就学习来说，有的同学整天埋头苦读，并没有取得很好的成绩；有的同学不仅学习成绩好，课外活动也很丰富，生活非常充实。

为何会出现这种差异呢？其中一个很关键的原因就是运用时间的方法不一样。对于那些有计划地安排了时间的同学，他们往往能更好地利用时间，能够科学合理地为自己制订学习计划，也就能够做到开心地玩、认真地学，并取得好成绩。而那些没有计划的同学，虽然看上去忙忙碌碌，但其实就像无头苍蝇，没有方向，最后只会空忙一场，收效甚微。

所以，我们要学会制订学习计划。刚开始可能有点困难，可以请老师和家长帮忙，让他们提出一些可行的建议，然后，渐渐地，我们也就能学会自己动手制订计划了。

这里要提醒各位小朋友，制定了计划后，一定要去实现它哦，不然再好的计划也不会有好效果的，而你也会成为空话家。

故事奇宫

榜　样

又是一次失败的考试，拿着试卷的阿炭失望极了，要知道，为了在这次考试中取得进步，他配合妈妈可是努力强攻了好几个星期呢！同桌的小曼也没见努什么力就拿了个第三，“唉，看来是我太笨了！”

回到家，爸爸妈妈都没有责怪阿炭，他们知道孩子已经努力了，于是一家人吃过晚饭后聚在了一起商量对策。听过阿炭的讲述后，爸爸发话了：“看样子是学习方法不对！”一番苦想后，爸爸接着说道，“我看这样，以后啊，你仔细观察观察小曼是如何学习的，然后找找你们之间的差别！”

从那以后，阿炭就开始了侦探般的学习生活。上课时小曼表现得怎么样，课间活动的时候有没有一个人偷偷看书……

慢慢地，阿炭发现，小曼的生活、学习都很有规律。自习课要做什么，怎么分配时间她好像早就想好了似的，每天还总在一个小本上涂呀画的。

“小曼，你那是什么宝贝啊，借给我看看吧！”阿炭忍不住地问。

小曼显得很不好意思：“没什么啊，你要看就拿去吧！”

阿炭接过小本一看，上面密密麻麻地写着一些计划，“语文：今天复习了第三课，有几个生词还不明白，明天要问老师，课后记得让妈妈听写……”每一篇、每一章复习计划都清清楚楚，阿炭恍然大悟：“哎呀，我怎么就没想到呢！”

Hi

私人学堂

这周你有学习计划吗?

不论是大的还是小的，不妨列一列。

____

____

____

19 每个月去一两次书店

书虫物语

知识，是人类文明的结晶。

阅读好书，就像跟历代名贤圣哲促膝长谈，他们高尚的节操会对我们产生潜移默化的影响。阅读好书，我们可以从中得到有关人生的许多指示，可以从中体验到那些无法直接去经历的东西。林肯少年时，就因为偶然一次阅读了华盛顿和亨利·克雷的传记，从此立下宏伟的志向，最后成为“美国历史上最受人尊敬的总统”。

所以，我们要培养自己爱读书的习惯。不仅要阅读那些我们喜欢的书，还要阅读各种门类的书籍，不仅要读好课本，课下也要读一些课外读物。只有长期这样坚持下去，我们的见识才能在不知不觉间得到提高。

在读什么书的问题上，刚开始你可以多听听老师和父母的意见，相信他们一定会帮助你挑选一些适合阅读的好书。等到逐渐养成喜欢读书的习惯时，你也已经有很多挑选图书的经验了，这时候，你可以根据自己的爱好和需要，自己去书店买书了。

每个月去一两次书店，在那里，你会发现许多感兴趣的新书，你还会遇到很多同样喜欢读书的人，说不定还能交流交流呢。

故事奇宫

书的用处

有这样一个小男孩，他每天的任务就是将学校的功课应付过去，然后去踢橄榄球、打篮球或者在邻居后院的树上玩游戏，天黑之后，一回到家就看电视。

然而有一天，母亲的行动永远改变了他的生活。“从今天开始，你每星期要读两本书，并且根据读到的内容给我写一篇心得！”

此后，母亲每天开车送他去图书馆。他这样描写了他的经历：

“那时我还没有领悟到读书的真谛，不过阅读的体验完全不同于看电视。阅读会在心中产生形象的东西，而看电视只是图像在眼前晃动。我常一次次地翻着同一本书，思索着它的内容。我很快就开始期盼着天天拜访这座知识圣殿，我在这里探索着恐龙的秘密，我在这里鉴别出了爬行动物和哺乳动物之间的区别。我通过阅读获取了许许多多的信息，它大大超过了我以前从声音和图像里所得到的东西。我的兴趣逐渐从动物转移到植物。当我读完所能找到的每一本有关植物的书之后，我又把兴趣转向岩石。我曾沿着铁路徜徉，将拾到的石头放进一只盒子里，抱回家后对照地质方面的书籍尝试着辨别出它们的类别。我认为，所有书的封面内都蕴藏着一个知识世界，我可以自由自在地从里面吸取养分”。

你能相信吗，这位成绩平平的学生拿到了耶鲁大学的奖学金，继而上了密歇根大学医学院，最后成为一名出色的神经科医生！

Hi

私人学堂

迄今为止中国历史最悠久的书店！

位于北京琉璃厂的“宝文堂”书店创立于清同治元年（1862年），距今144年，虽然不是家喻户晓，但却是目前中国历史最悠久的书店之一。

20 用真诚的语言欣赏和赞美朋友

书虫物语

鸡冠花用真诚的语言欣赏和赞美玫瑰花，被它感动的玫瑰花也谦虚地说出了鸡冠花的优点。你看，懂得谦虚并欣赏别人，一点也不会让自己为难，反而让朋友间的友情更加牢固了。

要受人尊重，首先就要学会尊重别人。同样的道理，要得到别人的认可，首先就要学着去认可别人，懂得用赞美和欣赏的眼光看待周围的人，而不是戴着有色眼镜，眼睛总往别人身上的缺点和错误看。这样只会孤立自己，因为没有人会愿意和一个总爱挑刺的人交朋友。

要知道，在这个世界上，没有十全十美的人，所以在我们自己以及朋友的身上，可能也存在一些缺点。但是，瑕不掩瑜，我们要学会从整体上看待一个人，欣赏并学习他的优点，对于那些小缺点，要帮助他改正，并告诫自己也不能有这些缺点。

所以，我们是不是也应该学学鸡冠花和玫瑰花，用欣赏的眼光看待我们的朋友呢？

故事奇宫

抱怨的花花

狐狸花花和小狗点点住在一个院子里。每次，点点晒衣服的时候，花花都能透过窗户看到，每一次花花都发现，点点洗过的衣服还是脏脏的。于是狐狸花花总是不断地挑剔对面的小狗点点懒惰，它对每一位来访的朋友说：“那个点点啊，衣服总是洗不干净，你看，它晾在外面院子里的衣服，总是斑斑点点。哎，我真的不理解，它怎么连洗衣服都洗成那个样子，实在是太懒惰了……”

直到有一天，明察秋毫的山羊朵朵来到狐狸花花家。碰巧点点出来晒衣服，于是狐狸花花又开始抱怨了。山羊朵朵透过窗户看到点点的衣服确实看上去脏脏的，但它没有发表言论，而是趴在窗户上仔细看了一会。最后它转过身来，从旁边拿了一块抹布，在窗户上用力擦了几下，一把抓过花花：“你看，这不就干净了吗？其实啊，是你自己的窗户上有污渍！”原来，不是对面小狗点点的衣服没有洗干净,而是狐狸花花自己家的窗户太脏了。狐狸花花从肮脏的窗户看世界，自然一切都是一片混浊。

私人学堂

你会赞美他人吗?

1. 对于别人的优点要勇于承认，不要觉得不好意思。

2. 千万别吝啬赞美的词汇，“真棒！”“很好”……大声说出你的感受。

21 让音乐成为永远的朋友

书虫物语

音乐是天使的语言，它最容易触动我们的心灵，带给我们至美的享受。“池塘边的榕树上，知了在声声地叫着夏天。”这首熟悉的《童年》，就如我们的心灵一样自然、纯真、无虑和简单，如同蓝天和白云纯洁无瑕，唤起我们对童年的美好回忆。

记得吗？小的时候，经常在妈妈温柔的《摇篮曲》中安静恬然地度过每一个夜晚。就是在梦中，也会听见妈妈甜美的歌谣，看见满天的星星和如钩的新月。

长大后，有时候爸爸还会吹笛子给我们听，那清亮的笛声让人想起南方的竹林、北方的草原。有时候，妈妈也会弹几首歌曲，我们就站在旁边，和着曲子轻轻地歌唱，感觉自己就像一个美丽的天使，在音乐的天堂尽情飞舞。

有了音乐的陪伴，我们的生活更加丰富多彩。音乐把我们带进一个个美妙的神奇的世界。当我们开心的时候，音乐为我们助兴；当我们不开心的时候，音乐又轻轻抚慰愁闷的心灵。

美妙的音乐能让我们的生活充满快乐，让我们烦躁的心情得到抚慰。所以，让音乐成为我们永远的朋友吧。如果有机会，你可以去学一两种喜欢的乐器，为亲人和朋友轻轻弹奏一首美丽的曲子。

故事奇宫

高山流水遇知音

春秋时期，有一个叫俞伯牙的人擅长弹琴，还有一个叫钟子期的人擅长于听音辨意。有一次，伯牙来到一座山中游玩时，突然遇到了暴雨，他躲在一块岩石下面避雨，心里感到十分寂寞忧伤，便拿出随身带的古琴弹了起来。

刚开始，他弹奏了反映连绵大雨的琴曲；接着，他又演奏了山川空灵的乐音。

不知过了多久，突然有人在附近的一丛野菊后叫道："好曲！真是好曲！"原来，在山上砍柴的钟子期也正在附近躲雨，听到伯牙弹琴，不觉心旷神怡，在一旁早已聆听多时了，听到高潮时便情不自禁地发出了由衷的赞赏。

俞伯牙听到赞语，赶紧起身和钟子期打过招呼，然后又继续弹了起来。伯牙凝神于高山，钟子期在一旁听着频频点头："好啊，巍巍峨峨，真像是一座高峻无比的山啊！"伯牙又沉思于流水，隐情在旋律之外，钟子期听后，又在一旁击掌称绝："妙啊，浩浩荡荡，就如同江河奔流一样呀！"

伯牙每奏一支琴曲，钟子期都能完全听出它的意旨和情趣，这使得伯牙惊喜异常。他放下了琴，叹息着说："好啊！好啊！您的听音、辨意、明义的功夫实在是太高明了，您所说的跟我心里想的真是完全一样，真是知音啊！"

Hi

私人学堂

你知道如何利用音乐学习吗?

根据美国科学家实验证明，莫扎特的音乐可以提高人的学习和记忆能力，这种现象被称为"莫扎特效应"。所以，不妨多听一些古典音乐，还可以陶冶情操呢！

22 寻找优秀的学习榜样

书虫物语

傲慢的麻雀、骄傲的公鸡，它们老是低头看不如自己的动物，结果都觉得自己很了不起。它们永远也不会像雄鹰那样在蓝天白云间翱翔，只能在低处勉强飞行，做自欺欺人的自满者。

其实，在我们的周围，也有这样的例子。有的同学整天碌碌无为，没有更高的目标，像自满的麻雀和公鸡那样，只会往低处看，永远进步不了。

另外一些同学就不一样了，他们一直在寻找那些优秀的学习榜样，为自己树立奋斗的目标，像雄鹰一样，向更高处的蓝天白云看齐，不懈地努力，终于能够在蓝天白云间自由翱翔，看见更远处的美丽风景。

有一句话说，强中自有强中手。所以任何时候，对自己所取得的成绩都不能有自满的态度，应该扩大范围，寻找比自己更优秀的学习榜样和竞争对手。只有这样，才能不断取得优秀的成绩。

故事奇宫

美洲豹的变化

动物园最近从国外引进了一只极其凶悍的美洲豹供人观赏。为了更好地招待这位远方来的贵客，动物园的管理员们每天都为它准备了精美的饭食，并且特意开辟了一个不小的场地供它活动和游玩。然而“客人”始终闷闷不乐，整天无精打采。

也许是刚到异乡，有点想家吧。谁知过了两个多月，美洲豹还是老样子，甚至连饭菜都不想吃了。

眼看着它就要不行了，园长惊慌了，连忙请来兽医多方诊治，检查结果却无甚大病。万般无奈之下，有人提议，不如在草地上放几只美洲虎，或许有些希望。

原来人们无意间发现，每当有虎经过时，美洲豹总会站起来怒目相向，严阵以待。

果不其然，栖息之所有了美洲虎的加入，美洲豹立刻变得活跃警惕起来，又恢复了昔日的威风。

Hi

私人学堂

你知道中国的“雷锋日”吗?

每年的3月5日是中国的雷锋日。它的设立是为了纪念国人的榜样——雷锋叔叔，也是为了提醒大家要发扬艰苦朴素、乐于助人的传统品德。

23 发挥想象力，写一篇童话

书虫物语

我们最喜欢看童话故事了，神奇的童话陪伴我们度过了很多有意思的夜晚，也让我们明白了很多道理。那充满神奇的童话世界总是让我们流连忘返。可是，你有没有想过自己也写一篇童话故事呢？发挥你自己的想象力，选择你自己喜欢的人物、地点，然后写出你想要的情节和结局。听上去很不错吧！

还记得那个狼吃羊的故事吗？现在就让我们看看一个爱幻想的小朋友是如何惩治那只狡猾的狼吧！

一天中午，阳光明媚，那只凶恶的狼碰到了被吃掉的小羊的妹妹。

狼又装出一副可怜的样子，对小羊妹妹说："亲爱的小羊，你行行好吧！我实在是饿极了！你就为我做出点牺牲吧！"小羊妹妹灵机一动，温和地说："狼先生，今天早上我碰到一只狼，它已经预订了我作为他的晚餐。如果您也想把我做晚餐的话，那么只要您能胜过它，我就乖乖地给您食用。"

"好！你快带我去！"狼得意洋洋地说。小羊妹妹就引狼来到一口井边，对狼说："那只狼就躲在里面。"狼伸长脖子往里一瞧，果然有一只狼，正恶狠狠地盯着它。狼气愤极了，前爪一抬，后脚一蹬，向那只狼猛扑过去。

"扑通"一声，狼掉进了井里，淹死了。

怎么样，我们自己编的故事也不错吧。其实只要充分发挥想象力，认真去思考，生活中很多看起来很普通的东西和平常的事情，都可以变成童话故事的素材。试试吧！

故事奇宫

蛇头和蛇尾的故事

蛇的身体很长，所以行动的时候头尾必须配合得很好才能够前进。

有一天，蛇尾和蛇头闲聊起来。聊着聊着，竟然起了争执，蛇尾先说话了：“我的功劳实在很大，如果我赖在原地不肯前进的话，那么你也动不了。所以你应该听从我的命令，让我在前面带路。”

蛇头听蛇尾这么一说，心里很不服气，就说：“怎么可以听你的呢?你又没有头脑可以思考事情、判断方向，再加上你既没眼睛又没鼻子，连路都看不到，更别说带路了。何况，假使我不吃东西，你就会连爬行的力气都没有，所以啊，还是得乖乖地听我的指挥吧。”

蛇尾虽然知道蛇头说的话句句合理，但是仍然不服气，坚持要在前面带路。它以躺在路中央不走作为威胁，逼迫蛇头答应它的要求。蛇头不得已，只好答应了，让它走在前面。

蛇尾很高兴地在地面上乱跑，可是因为它没有眼睛，所以常常弄得全身是伤。蛇尾走着走着，盲目地向前，终于掉到一个火坑里被火烧死了。蛇尾一死，蛇头当然也活不了，它很伤心地说：“当初实在不该让它在前面带路，害得现在大家竟然同归于尽。”

私人学堂

世界著名童话大王安徒生的故乡在哪?

安徒生是丹麦19世纪著名童话作家，世界文学童话创始人。他的故乡是丹麦的欧登塞城。

24 做事认真细致，避免粗心大意

书虫物语

一个简单的加减运算，因为疏忽大意，结果扣掉了2分。现在你可能觉得这2分的得失无所谓，但却不知，小错是大祸的伏笔，如果我们对它视而不见，那么等到有一天，因为一个简单的加减粗心，导致高考失利时，你就只能捶胸顿足，悔不当初了。

粗心大意是学习的大敌，在我们的生活中也是如此。往往是一些小事情、小危险、小障碍、小错误，如果我们没有认真地对待，存在侥幸心理，就会造成极大的损失。

因为粗心大意而犯下的错误，不仅会伤人，还会害了自己。任何一个小小的疏忽，都可能引致大错，而且，这一过错将有无可挽回的损失。智者说，避免一切小小的失误，就能减少巨大的意外挫折。

所以，不论是在学习还是在生活中，我们都应该严格要求自己，不要忽略一个小标点符号的作用，不要轻视一个小数点的位置，不要小瞧疏忽的力量，做任何事情都要认真对待，避免粗心大意，培养严谨的学习和生活态度。

故事奇宫

鞋里的沙子

有一个参加长跑比赛的选手每天都在赶路。有一次，在跑过一片沙滩的时候，鞋子里灌满了沙子，他匆匆把鞋子脱下，胡乱地把

沙子倒出来，便又急急地奔向前面的路程。可是还有一粒沙子仍然留在他的鞋里，那粒沙子磨着他的脚，使他跑一步，就疼一下。但是他不想停下来把那粒沙子倒掉，因为他怕浪费时间，在太阳落山之前赶不到住宿地。

于是，在痛苦的折磨中，他终于赶到了那个地方。天晚了，疲惫的他忘了脱鞋倒掉那粒沙子，躺在床上沉沉睡去。第二天，天刚微亮的时候他便匆匆启程，奔向新的目标。就这样，他在痛苦中疲惫，又在疲惫痛苦中启程，始终没有把那粒沙子倒掉。

终于有一天，在离终点不远的地方，因脚痛难忍，他不得不止步，最后放弃了比赛。当懊恼、痛苦的他忍着揪心的疼痛把鞋子脱掉的时候，发现让自己痛苦了几天并最终放弃了比赛的仅仅是一粒不起眼的沙子。

Hi

私人学堂

三种好习惯帮你克服粗心大意：

1. 培养物归原主的习惯。
2. 培养随时整理自己的物品的习惯。
3. 培养细心、认真观察的习惯。

25 学会辨别真相，提高安全意识

书虫物语

在我们的生活中，有时也会出现这样那样的坏人，如果我们缺少警惕意识，就很容易上他们的当，后果将不堪设想。那些坏人往往不会直接表现出他们丑陋的本质，而是用迷人的微笑、甜言蜜语或物质报酬等诱惑人。如果没有及时辨别真相，就会上了他们的当。那么我们该如何提高自我安全保护意识，并学会巧妙应对突然来临的意外呢？

对于小学生来说，应该做到以下几点：

第一，了解一些基本的法律常识，并通过广播、电视等媒体，广泛了解当前犯罪分子的行骗方式等。第二，培养敏锐的识别能力，能够发现可疑点。第三，清醒的判断。增强对是非、真伪、表里、安危、合法、非法的判断，以及对事件性质的分析，对疑点细节的分析，对当时处境的分析，对事态发展的几种预测。第四，理智的自制。对意外钱物的警惕，拒绝诱惑的勇气，对摆脱困境的信心，抗拒威胁和暴力的决心，对慌乱情绪和鲁莽行为的自我暗示，对自己体力和能力的客观估计。第五，要自尊、自爱、自律，不随便接受陌生人的东西，不受其诱惑。第六，学会灵活的自卫方式。利用环境保护自己，借用他人保护自己，运用法律保护自己，选择孤军奋战时的策略，以及其他一些应变手段。

故事奇宫

鸭姐妹的遭遇

每天清早，鸭姐妹俩总是顺着大路摇摇摆摆地走向池塘去游泳。

“这条路真好。”鸭姐姐说，“但是我在想，我们是不是应该另外找一条路走走？还有许多路都能通向池塘去呢。”

“不，不。”鸭妹妹说，“我不同意，我实在不想找另一条新的路，这条路我已经走惯了，很舒服。”

这天早上，鸭姐妹看见一只狐狸坐在路边的一根木头上。“早晨好，鸭小姐。你们是去池塘游泳的吧？”“唉，对啊。我们每天都要走这条路呢！”鸭妹妹说。“真的吗？有意思。”说着，狐狸露出尖尖的牙笑了笑。

第二天，太阳升起来了。鸭姐姐说：“如果我们今天还是走那条老路的话，一定还会遇到那只狐狸的。我不喜欢看到它那副嘴脸，今天我们一定得找条新的路走。”

“你真是傻透了，”鸭妹妹笑着说，“那只狐狸看上去多像一位绅士啊，昨天它还朝我们笑呢！”就这样，鸭姐妹俩还是沿着老路摇摇摆摆地向池塘走去。果然，那只狐狸仍旧坐在木头上，手里还拿着一只麻袋。鸭姐妹见事不妙，“嘎嘎嘎”地喊叫着，扑闪着翅膀飞也似的逃回了家，赶紧把门闩上。

后来鸭妈妈告诫她们：“无论是待人还是处世，千万不能被事物的表面现象所迷惑，对那些像极了绅士的狐狸们，更应该提防。”

Hi

私人学堂

为什么小学生戴的安全帽普遍是黄色的？

在阳光下，各种颜色的波长越长，便越醒目。红色的波长是最长的，但是红色普遍用于紧急停止的警告标志和警示标志。所以波长仅次于红色的黄橙色便成为小学生安全帽的颜色，来提醒过往车辆的注意。

26 面对错误，勇敢地说“对不起”

书虫物语

还记得不小心打碎杯子，因为害怕被妈妈责骂，偷偷地把碎杯子扔在楼下吗？现在想起来，是不是很惭愧呢？

其实，一个人犯错是难免的。人非圣贤，孰能无过？但是，如果我们为了一时的面子，或害怕受到惩罚而胆小畏缩，那么错误就成了我们心里永远的伤疤，会折磨我们一辈子的。所以，为了不让错误留在心底，我们都应该拿出承认错误的勇气，相信所有的人都会为我们感到骄傲，并为我们鼓起掌来的。

能够真诚地说“对不起”的人，是敢于面对错误、不逃避责任、希望自己更加优秀的人。所以，不要害怕说“对不起”，你丝毫不会因为它而损失你的小面子，相反，它向大家证明了你是一个敢于承认错误、承担责任的好孩子。

达尔文曾经说过：“任何改正都是进步。”知错能改，善莫大焉！勇敢地面对错误吧。这样做会让你更加优秀！

故事奇宫

苏东坡写对联

据说，北宋时期的名家苏东坡，小时候就已经是才华横溢、人人称羡的八斗才子了。

有一次苏东坡心血来潮,想展现自己的才华,于是准备了文房四宝，写下一对门联。

右边的门联写着：“识遍天下字。”

左边的门联写着：“读尽人间书。”

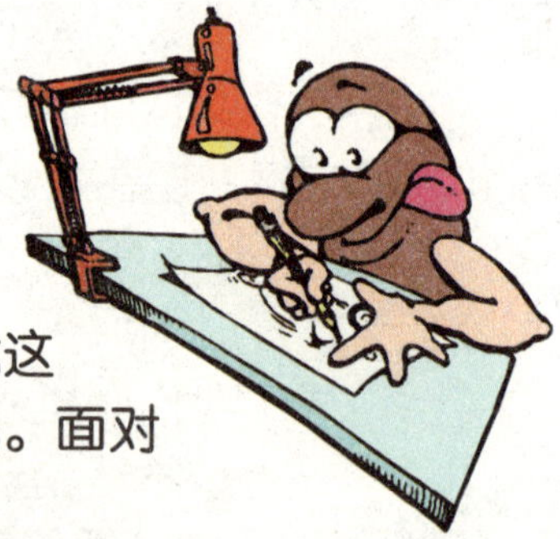

这对门联被父亲苏洵看见了，不禁担心起这个前途光明的孩子，担心他会败在自满自傲、不求长进之上。可是,如果就这样一手撕下门联。又会伤害孩子的自尊心。面对这两难的局面。究竟该如何是好?

苏洵想了一会儿，便动手在门联上添了4个字。

右边的门联变成了：“发愤识遍天下字。”

左边的门联变成了：“立志读尽人间书。”

苏东坡回房时，看见这副门联，明白了父亲对自己的期待，渐渐改掉了骄傲自大的毛病，也正是这样他才在日后取得了超凡的成就。

私人学堂

你可以勇敢地承认错误吗?

1. 对待错误，不要有恐惧心理。
2. 善于接受来自他人的建议和批评。
3. 认错不可以停留在嘴上，还要想想如何改正。

27 掌握一些考试技巧

下面发试卷，请大家注意考试时间。
紧张……
语文
《琵琶行》的作者是
不会吧，第一个题就不会做！
算了，先做别的！
Ding
想起来了，想起来了，哈哈！

书虫物语

一般来说，考试不仅考我们掌握知识的程度，还要考验我们应对考试的能力。这就是为什么有些同学平时学习很努力，但并不一定能考出好成绩的原因之一。所以，不要忽视考试技巧的作用，下面就让我们一起来学习一些技巧吧。

第一，复习的时候要制定一个有效的计划。这个计划一定要自己制定哦，针对自己对哪些问题还弄不明白，一一去解决。第二，考试前不要“开夜车”。考试前，一定要保证足够的休息时间，精神好，考试效果才会好。第三，不要给自己太多的压力。有些同学在临考前老是想考试的结果会怎样，如果考不好怎么办等。其实这些问题在平时学习时就要多考虑，因为那时考虑才有意义。第四，考试时先通读试卷，做到心中有数。考卷发下来后，不要着急答题，要先检查试卷，接着要将试题浏览一遍。先把简单的题目做完，再去攻克难题。第五，要合理分配考试时间。对于那些能够解答的题目，一定不要丢分，对于那些比较困难不好把握的题目，要尽量争取得分。第六，做完后检查试卷。这样不仅可以帮助我们发现错误，还能帮我们挽回得分呢！

还有很多考试技巧需要你去慢慢发掘，比如，考数学时打好草稿也很重要，能方便我们检查。当你发现属于你自己的考试技巧时，无疑，它就会成为你的高分财富！

故事奇宫

一次特殊的考试

期末考试的最后一天，一群学生挤作一团，正在讨论几分钟后就要开始的考试，他们的脸上充满了自信，因为这是一次开卷考试。

这时，老师走进来说：“你们可以带着书或笔记本，但不能相互说话，要保持安静。祝你们顺利。”说完，大家立刻安静下来。

当老师把试卷分发下去。学生们注意到只有五道评论类型的考题时，脸上的笑容更灿烂了。但两个小时过去了，没有人提前交卷。老师开始收试卷。学生们看起来不再自信了。

教室里更加安静了。老师注视着他面前这些焦急的面孔，然后问：“完成五道题目的有多少人？”没有一只手举起来。“完成四道题的有多少？”仍然没有人举手。“三道题？两道题？”学生们不安地在座位上扭来扭去。“那么一道题呢？应该有人完成一道题的。”老师最后问道。但整个教室依然沉默。老师放下了试卷。“这正是我期望得到的结果。”他说。“亲爱的同学，你们手里的试卷，对于你们来说确实比较困难，因为这些问题你们根本就没有接触过。”他接着说，“所以你们没有做出来，一点都不奇怪。相反，如果有人做出来，反而会让我感到惊讶。”然后他微笑着补充道，“但是，我很高兴，因为你们每一个人都通过了这次考试。一次有关品德的考试。”

随着时间的流逝，老师的名字已经被遗忘，但是他的这场考试却没有一个学生遗忘。

私人学堂

为什么考试紧张的时候会想尿尿？

这是因为紧张时，膀胱壁会用力收缩。即便膀胱没有装满尿液，也会想上厕所。

28 坚持锻炼身体，做一个健康的人

书虫物语

健康的身体是好好生活和学习的前提条件。如果身体虚弱，就容易感到疲惫，那样哪来精神学习、玩耍呢？只有身体健康，才能很好地管理时间，并按照自己的计划把事情完成。

如何拥有健康的身体？首先就要吃各种食物，以摄取各种营养成分，同时也要培养早睡早起的生活习惯。很多小朋友挑食，却不知这样会导致营养不均衡，平时可能不易察觉，但身体的抵抗力会比那些不挑食的小朋友差很多。

此外，为了有健康强健的体魄，还要选择适合自己的运动。适当的运动，不但能提升身体的素质，还能促进个人活力，让身体随时保持平衡，有助于精神上的愉快。

长时间的伏案学习后，脑细胞得不到充足的血液和氧气供应，容易出现疲劳，感到头昏脑涨。也有的时候，因为一些不同的事情，我们会感到沮丧、困惑或无聊。在这些情况下，或许我们能采取的最好办法就是停止学习，或者放下不愉快的情绪，去做一些自己比较喜欢的体育运动，如跑步、打球等。

当然要注意到，如果运动过度，会造成疲劳，反而有可能会失去健康；若花大量时间运动，没有顾到学习和其他事情，也会适得其反，所以凡事一定要适可而止。一般来说，每星期运动三次左右，每次锻炼的时间在 20 至 30 分钟之间，长期坚持下去，就能收到良好效果。

故事奇宫

毛泽东冷水浴的故事

“文明其精神，野蛮其体魄”，这是毛主席经常引用的一句名言。德智体全面发展是毛主席一贯坚持的教育主张。他认为，一个人不仅要有高尚的道德，丰富的知识，还要有健康的体魄，才能担当建设中国和世界的重任。

毛主席从学生时代开始就非常重视锻炼身体，在他的一生中可以说从未中断过身体锻炼。

毛主席每天都会坚持冷水浴。

第一师范学校门口有一口水井。毛主席的老师杨昌济天天坚持在这里进行冷水浴，作为学生的他看着新奇，却也尽力仿效。每天，天刚蒙蒙亮，毛主席就起床，穿着短裤来到井旁，他一桶一桶把水吊上来，从头浇到脚冲洗全身，然后用毛巾擦干，擦了又淋，淋了再擦，直至擦得全身通红为止，即使在寒冷的冬天也这样坚持。而这一习惯也年复一年地坚持了下来。

新中国成立后，毛主席年岁大了，无法再承受冷水浴，但洗澡时他坚持只用温水，不用热水。当别人问及原因的时候，他解释道：“一个经常注意锻炼身体的人，便不会被风雪的寒威所吓倒。我练习过冷水浴，现在年纪虽然大了，冬天也还可以不用热水洗澡，小小的冷冻也还经得住。锻炼的确是重要的事情。”

Hi

私人学堂

你知道何为适量运动吗？

运动量过大或过小对我们的身体都难以起到积极的作用，只有根据自己的身体素质，坚持适量运动，才能达到运动的目的。在调控运动强度时，心率就是很好的衡量标准。运动时最高心率以不超过［220－年龄（岁）×0.7］为宜。

29 爱惜粮食，养成勤俭节约的好习惯

书虫物语

不可否认，我们现在的生活好了，生活水平提高了，但这并不代表我们可以丢掉勤俭节约的美德了。

有一个调查发现，在一些小学里，浪费粮食的现象非常严重，每天都能看到从学校里推出一车又一车的剩饭剩菜，有些饭只吃了几口就被倒掉了。当然，浪费的现象不只这些，有的同学比吃比穿，追名牌，重消费，这也是浪费。这些浪费都让人心痛！要知道，在我们国家，还有许多贫困地区的孩子不能上学，许多失业家庭的生活尚待改善，许多受灾地区的人们吃不饱穿不暖。

我们还小，钱对我们来说，应该还处于淡泊的状态，但也应该知道花钱要花得有意义，真正做到物有所值。因为现在怎样花钱，也影响到你将来管理金钱的习惯。如果能够养成勤俭节约的美德，就意味着你有可以控制自己欲望的能力，也意味着你已经有了独立自主的意识。而如果随意挥霍，即便你的家庭条件不错，将来也总有挥霍一空的时候。

当然，浪费也不单单是金钱方面的，粮食、水电、天然气……这些资源的浪费也是不允许的。我们要做一个好公民，不仅要懂得节省金钱，也要懂得节省资源，这样，我们的地球才能长长久久，才能越来越好。

所以，从今天开始，把勤俭节约当成一种美好的品质吧。

故事奇宫

“勤”“俭”不分家

从前，在中原的伏牛山下，住着一个叫吴成的农民，他一生勤俭持家，日子过得无忧无虑，十分美满。

相传他临终前，曾把一块写有“勤俭”两字的横匾交给两个儿子，告诫他们说：“你们要想一辈子不受饥挨饿，就一定要照这两个字去做。”后来，兄弟俩分家时，将匾一锯两半，老大分得了一个“勤”字，老二分得一个“俭”字。老大把“勤”字恭恭敬敬高悬家中，每天“日出而作，日入而息”，年年五谷丰登。然而他的妻子过日子却大手大脚，孩子们常常将白白的馍馍吃了两口就扔掉，久而久之，家里就没有一点余粮了。

老二自从分得半块匾后，也把“俭”字当作“神谕”供放于中堂，却把“勤”字忘到九霄云外。他疏于农事，又不肯精耕细作，每年所收获的粮食不多。尽管一家几口节衣缩食、省吃俭用，毕竟也是难以持久。这一年遇上大旱，老大、老二家中都早已是空空如也。他俩情急之下扯下字匾，将“勤”“俭”二字踩碎在地。

这时候，突然有纸条从窗外飞进屋内，兄弟俩连忙拾起一看，上面写着“只勤不俭，好比端个没底的碗，总也盛不满!”“只俭不勤，坐吃山空，一定要受穷挨饿!”兄弟俩恍然大悟，“勤”“俭”两字原来不能分家，相辅相成，缺一不可。吸取教训以后，他俩将“勤俭持家”四个字贴在自家门上，提醒自己，告诫妻室儿女，身体力行。从此以后，他们的日子过得一天比一天好。

私人学堂

你知道“五谷”分别是什么吗？

“五谷”是指粟、豆、麻、麦、稻。多吃一些五谷杂粮可以让你的身体更棒哦！

30 珍惜时间，做一个勤快的人

书虫物语

不要小瞧一分钟带来的变化，它能改变那么多的事情。这是多么令人惊叹啊！可对我们来说，一天就是去游乐园的时间，一个小时就是看动画片的时间，一分钟就是赖在床上不想起床的挣扎时间。

有时候，我们不管一分钟还是一天，都让它白白地浪费了，这是多么可惜的一件事！可是当我们为错过的太阳叹息时，连晚上的星星也错过了。所以，哀叹也是没有用的，错过就错过了，从现在开始我们不要再浪费时间了，要珍惜好每一分钟！

珍惜现在的时间，就要改掉那种拖沓的毛病，养成立即行动的习惯。那些懒惰的人最喜欢给自己找借口，他们最重要的特征之一就是拖沓，把今天的事情拖到明天，明天的事情又拖到后天，可能还要一直拖下去。这种错过太阳又错过星星的习惯，会消磨人的意志，使人怀疑自己的行为、毅力和目标。

所以，让我们现在就行动起来，好好珍惜每一分钟。

故事奇宫

一分钟的改变

有一天，著名的教育家班杰明接到一个年轻人的求救电话。年轻人说，希望能与班杰明见面，并请教成功的秘密。班杰明与年轻人约好了见面的时间和地点。

当那个年轻人如约而至的时候，班杰明的房门大开着，眼前的景象令年轻人大吃一惊—班杰明的房间里乱七八糟，一片狼藉。

没等年轻人开口，班杰明就招呼道：“你看我这儿太乱了，请你在门口等一分钟吧。”他边说边把房门关上了。

不到一分钟的时间，班杰明就又打开了房门，并热情地把年轻人让进了客厅。这时，年轻人的眼前是一个非常整齐的房间，桌上还放了两杯刚倒好的红酒。

班杰明举起酒杯说：“干杯，年轻人，你已经得到答案了吧。”

年轻人很尴尬地说：“可是我还没向您请教呢……”

“这难道还不够吗?”班杰明提示着他，“你进门前看到了什么？可一分钟后，你又看到了什么?”“一分钟?”年轻人若有所思地说，“我懂了，您让我明白了一分钟的时间可以改变很多事情。”

私人学堂

为什么阳历2月只有28天?

公历也就是阳历，也叫太阳历，它是以地球绕日一周作为一年的历法，起源于公元前46年的古罗马。当时古罗马的最高统治者儒略·恺撒颁布的历法中规定一年为12个月，单月为大月，31天，双月为小月，30天。这样2月就应该是30天。但是2月是古罗马处决死刑犯的日子，所以这个不愉快的月份就减去一天，变成平年29天，闰年30天。恺撒去世后，他的侄子屋大维继位，他认为自己出生在8月是个小月，有失尊严，又从2月里拿出一天加在8月里，把8月以后的双月改成大月。这样2月份就成了28天，闰年29天，而8月和7月一样都成为大月，有31天。

31 参加升旗仪式，树立爱国精神

书虫物语

每个人都应该有民族意识，都应该深深爱着自己的祖国，无论何时何地，都不要忘了自己的祖国。

爱国就是对祖国的忠诚和热爱。在我们中国，历朝历代，许多仁人志士都具有强烈的忧国忧民思想，他们以国事为己任，前仆后继、临难不屈、保卫祖国、关怀民生，这种可贵的精神，使中华民族历经劫难而不衰。

爱国的内容十分广泛，热爱祖国的山河，热爱民族的历史，关心祖国的命运等，都是爱国主义的表现。在中华民族五千年的发展历程中，中华民族形成了以爱国主义为核心的伟大的民族精神。

现代化的建设更需要我们不断弘扬这种爱国主义的优良传统。只有这样，中华民族才能重振雄风，为人类文明与进步作出更大的贡献。

少年兴则国兴，少年强则国强。我们从小就要培养自己的爱国情感和振兴祖国的责任感，树立民族自尊心与自信心。我们要积极进取、自强不息、艰苦奋斗、顽强拼搏，真正把爱国之志变成报国之行。今天为振兴中华而勤奋学习，明天为创造祖国的辉煌未来贡献自己的力量！

等到参加升旗仪式的时候，要深情地向国旗敬礼，在心里默默立下为祖国而奋斗的志向。

故事奇宫

向国旗敬礼

有这样一个女孩，她只有8岁，却患有很严重的疾病，不能像其他健康的小朋友一样快乐地跑啊，跳啊。她长时间只能待在病房里。但她却有一个很大的愿望，那就是到祖国的首都天安门去看一次升国旗，因为从小她就有成为旗手的理想。

也许对一个健康人来说，去看一次升国旗仪式并不会太难。可是对她来说却是十分的艰难，她的病情不允许她到北京，虽然爸爸妈妈已经倾尽全力为她治病，但仍未遏止病情的迅速发展，因为病情的进一步恶化，她的双目失明了。但她仍然没有放弃去天安门看升旗的念头。

也许是上天被她感动了，她终于有了这样一个机会去天安门看升旗。她等待着那一天的来临，等待着听到国歌奏响的那一刻。终于，这样一天，这样一刻来了。

听，国歌响起了，女孩感觉着五星红旗在缓缓升起，她的脸上泛出了由衷的笑意。她想对着国旗行个礼，可是自己的手因为极不灵活，已经多日未动了。抬了一抬，她觉得很累，只能把手靠在额头上，缓慢地向飘扬的国旗庄重地致最崇高的敬礼。

看到这一幕的人们都被打动了，大家庄严地望着国旗，代这个小女孩向国旗致上了最认真的一次敬礼。

整个广场上飘扬着庄严的国歌，初升的太阳照着女孩灿烂的微笑。

私人学堂

你知道中国国旗是谁设计的吗？

这个问题你一定要记牢哦，中国国旗的设计者是曾联松。

32 把节省下来的零花钱捐给希望工程

书虫物语

在这个世界上，什么东西最珍贵最美丽，能够经受住漫长时间的考验?

那就是一颗善良的心。只有在小的时候拥有一颗善良的爱心，长大之后才能有仁慈的品质，才能成为一个正直的人。

所以，不论我们几岁，都不要忘记去关爱那些需要我们帮助的人，不要忘记，在我们衣食无忧的时候，在我们幸福地享受家庭温暖的时候，在我们坐在宽敞的教室里汲取知识的时候，还有很多与我们年龄相仿的人，他们渴望知识却因贫穷而无法上学。为他们，我们可以做很多很多。

我们可以把节省下来的零花钱捐给希望工程，可以给那些渴望知识的孩子买一本书，可以把衣橱里很久没穿的衣服捐出去，这样可以让一个贫穷的孩子少受寒冷的折磨……总之，在享受着你的幸福的时候，请伸出你的双手，为他们尽你的微薄之力吧!

当然，爱心的付出不分场合和时间，所以我们要根据自己的情况随时随地做好事，播撒我们的爱心。比如在公车上为老年人让座；帮助学习差的同学，为他们解答疑问；为孤寡老人讲故事、读报纸……

故事奇宫

心　愿

有三个小姑娘一同出游，半路上，遇见一位跌倒的老婆婆，便把她搀扶到家中。临别时，老婆婆拿出三朵鲜艳的桃花，分送给小姑娘每人一朵，说道：“好孩子，它可以满足你们每个人爱美的心愿，想要什么尽管说！”

爱打扮的小姑娘说：“我希望有一套最华美的衣裙！”刚说完，她身上果然多了一件流光溢彩、美艳绝伦的裙子。

爱漂亮的小姑娘说："我希望有一张最动人的脸蛋！"说完，她立刻变得神采飞扬，绝世无双。

最小的那个小姑娘说："好婆婆，我只希望有一颗最美好的心灵！"说完，她心里便豁然开朗，一片光明。

40年后，老婆婆忽然想起当年的小姑娘，于是决定去探访她们。她找到第一个小姑娘，这时，爱打扮的她，只穿着一套普通的衣服，伤心地对老人说："我那套美丽的衣裙，早已破旧了！"她又找到第二个小姑娘，只见那张漂亮的脸上布满了皱纹，她痛哭着对老人说："您给我的美貌，又还给了时间！"

最后老婆婆找到了第三个小姑娘，只见她脸上挂着幸福的微笑，高兴地说："这些年，我用整个心灵，去爱每一个人，去帮助每一个人，爱，就像一颗神奇的种子，已经在所有朋友的心里扎根，而我也觉得非常快乐！"老婆婆开心极了："孩子，只有你，最懂得美的真谛啊！"

私人学堂

你知道特雷莎修女吗？

她是享誉国际的慈善家，也是诺贝尔和平奖得主之一。她并不富有，但却通过自己的努力挽救了无数人的生命，用自己的一生为世界和平作出了巨大贡献。

33 制定一个克服坏习惯的计划

书虫物语

每个人都有很多的习惯，有好有坏。如果是好习惯的话，就应该继续保持；如果是坏习惯的话，就应该彻底改掉！因为，习惯犹如一把双刃剑，好习惯可以提高人们学习、生活的质量和效率，而坏习惯则会危害身体和健康，对我们的正常生活产生不良影响。尽量养成好习惯，摒弃坏习惯，会对自己的一生大有裨益。

喜欢睡懒觉、经常拖延时间、粗心大意、经常迟到、不喜欢吃早餐、沉迷于上网或玩游戏机等等，困扰我们的坏习惯还有很多，经常妨碍我们的正常生活。如果没有人督促，很多人很难改掉坏习惯。

当然，习惯的养成，并非一朝一夕之事；要想改正某种不良习惯，也不可能一蹴而就。有关专家研究发现，一般人要想改掉一个旧习惯，都需要一段较长的时间。所以你必须给自己一段时间，来改掉你的坏习惯，如做事拖拉、不拘小节，甚至吸烟等等，然后以更好的方式取而代之。

从现在开始，把自己的坏习惯详细写下来，制定一个克服计划，争取消灭它。

故事奇宫

牧师的忠告

有一个牧师认识一位年轻聪明的朋友。这位朋友身上具有一切足以取得成功的必要条件。牧师和他的朋友无话不谈，他们一起度过了很多欢乐的时光。

但是经过一段时间的交往，牧师发现，他的这位朋友有一个很不好的习惯，那就是经常大量饮酒。

有一天，牧师特意来找这位朋友聊天，想劝他以后把这个不好的习惯改掉。这位朋友说自己的心脏有些毛病，他知道牧师懂得医术，曾经帮助一些心脏有病的人恢复健康，所以希望牧师也能给他一些有用的建议。

牧师认真地观察了这位朋友的情况，发现他的心脏跳动情况不正常。于是牧师做出进一步判断，认为这位朋友的心脏病是由大量酒精引起的。牧师将自己的看法告诉了这位朋友。

这位朋友说："我的医生也告诉我这一点了，但我想是他错了。"

"你自己又不懂医学知识，为什么说医生的判断是错误的？"牧师问，"如果你还不改掉大量喝酒的坏习惯的话，真的会有大麻烦的。"

这位朋友很不高兴地说："你真啰嗦，和医生一样讨厌!"说着自己一个人去喝酒了。牧师很无奈地摇摇头。

两个月后，牧师参加了这位朋友的葬礼。

私人学堂

列出自己的坏习惯清单：

我的坏习惯有____________________

我的克服计划是___________________

34 保护视力，拥有明亮的双眼

书虫物语

眼睛是心灵的窗户，拥有一双明亮的眼睛，是一个人健康的重要标志之一。通过眼睛，我们可以直接、真实地了解这个五彩缤纷的世界，如果没有眼睛，即使外面的世界再精彩，我们对四周的感觉只是一片永远的黑暗。

眼睛是如此珍贵！但是，在我们的周围，有很多人忽视了眼睛的保健，甚至小小年纪就戴上了眼镜。有一个调查显示，我国青少年近视眼发病率日趋严重，严重影响了他们日后的生活和工作。试想一下，如果要戴着眼镜过一辈子，你能想象那是多么麻烦、痛苦的一件事吗？很多同学平时不注意保护眼睛，等到近视了才去后悔，还有什么意义呢？所以，爱护眼睛要从小开始，从现在开始。在学习、看电视、用电脑时懂得保护自己的眼睛，多吃一些富含维生素A、D和蛋白质的对眼睛有益的食物，并坚持每天都做眼保健操。

此外，爱护眼睛也不单单是合理用眼，还要注意眼部卫生。有的小朋友常常用脏脏的手或毛巾去揉擦眼睛，却不知道这样会使很多有害的细菌进到眼睛里，引发一些不好的炎症，对眼睛造成极大的伤害。

所以，要拥有健康的眼睛，既要合理用眼，也要卫生用眼。就让我们细心地照顾眼睛吧！

故事奇宫

复明的药方

从前有两个盲人靠说书弹三弦糊口。老者70多岁，是师父；幼者20岁不到，是徒弟。师父已经弹断了999根弦子，离1000根只差一根了。祖师爷在临终前对师父说：“我这里有一张复明的药方，现在我将它封进你的琴槽中。当你弹断第1000根琴弦的时候，你才可取出药方。记住，每弹断一根弦时，你都必须尽心尽力，否则，再灵的药方也不会起作用。”那时，师父才是20岁的小青年，可如今他的头发和胡子都已经花白了。50多年来，他的心里有一个梦想，他一直想象着自己失明的眼睛能够看见东西。

一声脆响，师父终于弹断了最后一根琴弦，他向城中的药铺赶去。当他满怀着希望等着取草药时，掌柜的告诉他：那是一张白纸。他的头嗡地响了一下，一种从未有过的失落感遍布全身，平静下来以后，他终于明白了：他不是早就得到了那个药方吗？就是因为有这个药方，他才有了生存的勇气。他努力地说书弹弦，学会了爱与被爱，广受人们尊重。

回家后，他郑重地对小徒弟说,我这里有一个复明的药方，我将它封入你的琴槽。当你弹断第1000根弦的时候，你才能取出药方。记住，要用心去弹……

私人学堂

人的正常视力是多少?

按照国际标准，1.0，1.2，1.5，2.0，2.5都是正常视力，其中1.0被视作矫正视力，低于1.0则被视为近视眼了。

35 经常问为什么，学会独立思考

书虫物语

生活中有太多的“为什么”，只是我们常常因为懒惰才故意忽略不提，久而久之，这些“为什么”就变成了永远解不开的谜，而我们的见识也不会有太多的增长。

其实，凡是那些学有所成的名人，都有一个很好的习惯，那就是独立思考，当他们遇到不懂的问题时，一定要想方设法去弄明白，不放过每一个小问题。

对照一下我们自己，觉得很惭愧，因为，有时候我们实在是太不爱思考了。每次做作业遇到难题的时候，我们总是想都不想就跑去问别人，然后就按别人的做法做了，也不考虑为什么要这么做。而对于平时生活中的小问题，我们也没有好好地动脑筋去思考，去想为什么。比如我们总看到天空是蓝色的，云朵是白色的，有没有想过这是为什么呢？

只有多问自己几个“为什么”，才能启发自己的好奇心，才能激发自己的求知欲。要获得成功，就要从小养成爱思考的习惯，每个问题都要问明白，弄清楚。

好好想想，你心中有多少个为什么，然后用笔和纸列出它们，一个一个去解答。相信你也可以成为问题小博士的。

故事奇宫

爱思考的爱迪生

有很长一段时间了，爱迪生对家里养的那只母鸡产生了浓厚的兴趣，常常蹲在鸡窝边皱着眉头观察那只趴在窝里正在孵小鸡的母鸡，显出一副既可爱又深沉的模样。

知儿莫如母，妈妈知道，儿子一定又在思考问题了。

果然，有一天，爱迪生动手把鸡窝里的那只母鸡强硬地抱了出来，结果被发怒的母鸡啄破了手。

爱迪生不解地问妈妈：“别的母鸡下了蛋以后，都跑到外面来，咯咯嗒、咯咯嗒地告诉人们，可这只母鸡为什么不出来玩儿，还那么霸道地看住几只鸡蛋不放？”

妈妈听了儿子的话，忍不住笑起来。她边给儿子包扎伤口边告诉他：“这只母鸡正在准备做妈妈呢。它把这些鸡蛋放在身子底下，用身体温暖它们。这样过了一段时间，鸡蛋里面就会有一只小鸡雏，等它长成形以后，就会伸出尖尖的小嘴把硬硬的蛋壳啄开，然后从里面跑出来。”

真奇怪，母鸡趴在鸡蛋上就能生出小鸡来，那人趴在鸡蛋上面一动不动，是不是也照样可以生出毛茸茸的小鸡来呢？爱迪生歪着脑袋想着，已经忘记了手破的疼痛……

Hi

私人学堂

如何才能善于提问呢？

1. 无论在学习还是生活中，要能够发现“为什么”。
2. 认真地思考这些“为什么”，并大胆地提出这些“为什么”。
3. 在别人给出的答案中，去发掘新的“为什么”。

36 真诚帮助别人，快乐度过每一天

书虫物语

什么是真正的快乐？怎样才能找到快乐呢？

其实答案很简单：看着别人快乐，自己也就快乐了！比如说，我们给朋友过生日，看着朋友满脸的幸福，非常快乐，我们也会很自然地跟着开心起来了；我们帮助素不相识的路人时，对方充满感激的笑容会让我们开心、自豪一整天。所以我们应该多给别人快乐，这样我们就会拥有更多的快乐。

谁都不愿意和自私自利的小朋友成为好朋友，因为他们什么事都只替自己考虑，从来不关心他人，觉得帮助他人就是麻烦了自己，慢慢地，他们周围的朋友也会越来越少了，这样又如何快乐得起来呢？要知道，对别人吝啬自己的关心，就等于堵住了快乐的源头。所以，我们应该牢记，只有处处为他人着想，在自己的能力范围内真诚地帮助别人，让别人得到快乐，才能够在自己最需要帮助的时候得到关怀，并快乐度过每一天。同时，我们也要有分辨是非的能力，对于那些违反纪律和法律的事情，我们可不能帮忙，而是及时地去制止它的发生。

所以，好好想一想该如何助人为乐吧！每天不忘问问自己，哪怕是一件极微小的事，你曾对那些需要帮助的人视而不见吗？

故事奇宫

自私的猫头鹰

一天，上帝派人把猫头鹰叫来，给了它各种各样的眼睛，叫它去分给所有的鸟类。

猫头鹰是个自私自利的家伙，它“近水楼台先得月”，先挑了两个最大的、自己认为最好的眼睛藏起来，然后才将余下的眼睛分给了其他的鸟。

所有的鸟都安上了眼睛。大家个个称心如意，又跳又唱，高兴得不得了。可是猫头鹰的眼睛太大了，与头的大小极不相称，一安上去，整个脸都变形了，看上去反而显得很丑。其他的鸟儿见了，都忍不住笑起来，说猫头鹰你怎么变成这样了。

猫头鹰又羞又愧，但事到如今，已经无法挽回了。它便白天躲在家里睡觉，到了晚上其他的鸟都睡着了，才敢跑出来找点东西吃。

就这样，猫头鹰不敢在白天出门，它的朋友越来越少，整天皱着眉头，再也找不到快乐。

Hi

私人学堂

为什么红绿灯是红色和绿色的呢?

这是因为颜色的固有特性。红色从很远的地方就可以看得到，而绿色则代表安全、和平、安静。

37 每天对自己说：“我是最棒的！”

书虫物语

什么是自信？自信就是相信自己，就是对自己说“你真棒！”

著名的宗教领袖马丁·路德·金说过：“人类所做的每一件事都是抱着希望而做成的。”一个人如果没有自信，也就失去了挑战的勇气，这样，他还能做成什么事情呢？

没有自信，做任何事情都不能成功。一个获得了巨大成功的人，首先是因为他自信。自信有一种神奇的力量，它可以使不可能成为可能，使可能成为现实。而不自信会使可能成为不可能，使不可能成为毫无希望。一分自信，一分成功；十分自信，十分成功。

当然，自信不是盲目乐观，也不是骄傲。它来自我们对自己正确的客观评价，找到自己的优点，也明白自己的缺点，勤奋努力，并具备扎实的才能和学识。

所以，你不仅要勇敢地对自己说“我是最棒的”，更应该用不懈的努力来证明你就是最棒的。

每天早上起床和晚上睡觉之前，你要坚持对自己说“我是最棒的！”或者“我一定行！”每天至少对自己说三次，长期坚持下去，你就会拥有良好的心态，无论做什么事情，都对自己充满信心。

故事奇宫

画家的启示

从前，有一位画家想画出一幅人人见了都喜欢的画。

于是，他刻苦专习，日夜作画，终于构思出了一幅绝妙的画。

画毕，他拿到市场上去展出。为了听取大家的建议，他特意在画旁放了一支笔，并附上说明：每位观赏者，如认为此画有欠佳之笔，均可在画中做记号。一切妥当之后，为防大家不好意思指正，他只将画留在市场，自己抽身离去了。

晚上，画家取回了画。满心欢喜的他惊讶地发现整个画面都涂满了记号，没有哪一处不被指责。画家十分不快，对这次尝试深感失望。

于是，画家决定换一种方法去试试。他又摹了同样的画拿到市场展出。可这一次，他要求每位观赏者将其最为欣赏的妙笔标上记号。当画家再取回画时，看画上的记号，上次一切曾被指责的败笔，如今却都换上了赞美的标记。

“哦!”画家不无感慨地说道，“我现在发现了一个奥妙，那就是，我们不管干什么,只要使一部分人满意就够了。因为,在有些人看来是丑的东西,而在另一些人眼里恰恰是美好的。”

私人学堂

下面这些好方法教你建立自信：

1. 无论是坐着还是站着，都要保持抬头挺胸。
2. 欣赏一些振奋人心的音乐。
3. 学会经常发现自己的优点和长处。
4. 不忘告诉自己“我一定可以。”

38 利用假期去体验一次真正的农村生活

书虫物语

有一位老师问学生："你们知道鸡蛋是从哪里来的吗？"学生们面面相觑，不知所措。过了一会儿，有一位学生用犹疑的口吻说："好像是从冰箱里边出来的。因为我经常看见妈妈从冰箱里边拿鸡蛋。"

你是不是也闹过这样的笑话，在生活中这样的例子还真不少。生活在城市里的孩子，因为很少有机会接触农村生活，所以缺少一些常识，也不能体会劳动的艰辛。因此，久居城市的人，还真的有必要去体验一下真正的农村生活。

利用节假日，可以去农村的亲戚家住几天，见识一切让你新奇的东西。或者，提议老师组织一次学农活动，走出学校，体验真正的农村生活，开阔眼界，增长见识。这肯定比随便去哪个旅游景点看风景拍照片要有意义得多。

故事奇宫

农村记事日记

7月25日

这个周末，我在乡下姑姑的家里小住。在那里，我见到了很多新鲜的东西，体验到了以前从未接触过的生活。

今天清晨5点半，天刚蒙蒙亮，我听见公鸡的啼叫，赶紧一骨碌从床上爬起来。我来到厨房一看，姑姑和姑父已经在忙碌着和面团了。我也撸起了袖子，在姑姑的指导下，用擀面杖将面团压成圆形，并用刷子在上面铺上糖浆。随后面饼被送进烤箱进行烤制。

到了8点半时，我们把两百多个热气腾腾的麻饼装在食品筐里，并用小车拉到集市上。

姑父笑着对我说："今天让你当一回老板，怎么样？"我兴奋地点点头。一开始，我有点害羞地看着来往的过客。姑父在旁边笑眯眯地鼓励我。后来我终于鼓足了勇气大声喊出第一句："卖麻饼了！5毛一个。"

姑父说："好！再大声点儿！"

我又喊了第二句，第三句……不一会儿，便有顾客三三两两地来光顾我们的麻饼摊。到了十点多的时候，我们的麻饼已经全部卖完了，总共卖了18元钱。我捧着第一次赚到的钱，十分激动。姑父说："你这个小老板当得真不错！"

农村生活真丰富啊，有时间的话我要常过来，真是太有趣了！

私人学堂

下雨天为什么青蛙叫个不停？

这是因为下雨天青蛙呼吸起来比较容易，所以青蛙的心情也更愉快，叫得声音也就更大了。

39 自我推荐，参加学生干部竞选活动

书虫物语

有一些家长认为，孩子当学生干部只是为同学、老师跑跑腿，浪费时间和精力，会影响学习。尤其是在面临一些大考的时候，他们更会直接告诉孩子，不要当学生干部了！这让孩子和老师都很为难。

其实，社会需要的不是只会读书和考试的小书呆子，而应该是朝气蓬勃，立志管理国家、建设国家的各种人才。

很多同学是通过自我推荐，并在层层选拔和竞争中脱颖而出当选为学生干部的，他们比一般的同学更有自信。学生干部的工作为他们创设了显示才能的各种机会，让他们初步尝试成功的喜悦，以更自信的态度迎接各种挑战。

所以，我们要勇敢地向同学和老师推荐自己，参加学生干部竞选活动，向大家展示自己的才能。

抓住每一次锻炼的机会，让自己一步步地成熟起来。

故事奇宫

蝴蝶结的故事

一个叫甄尼的小姑娘总爱低着头，她总以为自己长得不够漂亮，大家都不会喜欢她。她在心里特别羡慕另一个叫凯的女孩子，因为那女孩头发上总戴着漂亮的绿色蝴蝶结，脸上总是带着快活的

微笑，大家都喜欢和她在一起。

又是周末舞会了，甄尼也被邀请参加。为了这次舞会，甄尼到商店里去买了一只绿色蝴蝶结，和凯一样的那种。商店里的服务员赞美她的头发和绿色或者紫色的蝴蝶结都很相配，甄尼不相信，但心里还是特别高兴。当她冲出商店时和人撞了一下，她也顾不得了，想象着蝴蝶结在头发上美丽的样子，昂着头向舞会走去。果真一个男孩向她走来了，用惊喜的眼光望着她，他说："你昂着头的样子真美丽。"舞会上很多人都来请甄尼跳舞，甄尼从来没有感到这样幸福过，她以为这全都是因为那只绿色蝴蝶结的缘故。于是她想把那只紫色蝴蝶结也买下，和她刚买的那只一模一样。她刚走进那家商店，店主人就叫住她说："我知道你一定会回来的，你出门时它从你头发上掉下来了，所以我一直在这儿等你。"

Hi

私人学堂

"毛遂自荐"的成语源自哪个朝代？

"毛遂自荐"的故事源自中国古代春秋时期。它讲述了古人毛遂自我推荐说服楚王攻打秦国的故事。你记住了吗？

40 爱清洁，养成良好的卫生习惯

书虫物语

爱清洁，养成良好的卫生习惯，是每个小朋友都应该做到的。而且我们不仅自己要讲究卫生，还要人人争当卫生监督员，共同来把学校的卫生抓上去，养成良好的卫生习惯。那么如何养成良好的卫生习惯呢？至少应该做到以下几点：

第一，我们一定要注意，买零食不要在那些无卫生证的商店里买，而应到大商场或超市里选购，并学会认识商标、生产日期，这样才能保证我们身体的健康。第二，要养成不随地吐痰的习惯。如果因为感冒而克服不了的，应该准备些卫生纸，吐在纸上，再扔进垃圾桶。第三，要努力克服随手乱丢的坏习惯，要把废纸、果皮、包装袋扔进垃圾桶中，特别要杜绝从楼上往楼下扔东西的不道德行为。在卫生保洁或值日时，无论走再远的路，都要把垃圾倒进垃圾容器中，不可乱倒。第四，要养成随手捡拾地面上废弃物的习惯，从我做起，共同维护学校环境的整洁。第五，每个人都要保证做到不把废弃物带进校园，从根本上杜绝乱扔乱丢现象。第六，为了更好地保障我们身体的健康，回家后先要认真地洗洗手，才能触摸家里的东西。特别是摸完钱后一定要洗手，因为钱在很多人之间传来传去，是病菌的传播源。

为了让疾病在人类这个大家庭中消失，为了我们有一个美好的生活环境，让我们从小就养成良好的卫生习惯吧！

故事奇宫

不讲卫生的小勇

小勇是一个淘气的小男孩，很不讲卫生。因为对他来说，卫生意味着失去很多乐趣！你看，不能在泥堆里打滚了，也不能捉蚯蚓玩，每天还得不停地洗手，真是麻烦死了。

所以，小勇干脆邋邋遢遢，总是把自己弄得脏脏的，手指甲很

长，还夹杂着黑泥儿，鼻子上总是挂着鼻涕。班里同学都不爱和他坐在一起。他倒也无所谓，照样不讲卫生，可这样的“好日子”也没持续多久。

自然老师已经观察小勇很长时间了，这天课上，老师讲解了细菌的生成和寄存，并从桌下拿出了一台长相奇怪的仪器。“想看看细菌是什么样的吗？”老师问道。全班同学都踊跃举手。老师环顾了一下四周的同学：“小勇，你来试试，怎么样？”小勇兴奋地跑上了台，期待地等着老师拿出细菌。哪知，老师举起了他的手，拿出一个小竹签在指甲头里拨出了残存的黑黑的东西，放在了一块玻璃片上，然后把玻璃片放到了仪器底下，又眯着眼睛看了一会，才把仪器交给了小勇。

小勇学着老师的样子看着，“天哪，那是小虫子吗？好恶心啊！它们活在我的指甲里面吗？”老师笑着回答道：“不错，因为平时不讲卫生，所以你的指甲成了它们的寄存地。如果不注意，还容易进入嘴里呢！不可怕吗？”小勇低着头，不再出声。

从那以后，同学们发现，小勇变得讲卫生了。

私人学堂

牙窟窿是被蛀虫咬的吗？

牙齿上有窟窿有四种因素，即时间、宿主、细菌、食物，才会导致牙齿龋坏，并不是蛀虫吃的。

41 关心爱护你的兄弟姐妹

书虫物语

有人说，兄弟姐妹就像天上飘落的雪花，本是互不相识的，但就是那么一阵缘分的风，把它们一起吹落于大地，化做了雪水永不分离。

也有人说，兄弟姐妹就像一棵树的根茎、树干和树梢，是属于一体不可分割的，应该相亲相爱，互相扶持，才能越长越好，长成一棵参天大树。

在这个世界上，除了爸爸妈妈，就只有兄弟姐妹与你最亲了。当你成年后，你会发现，陪伴你更多的，与你分享生活苦乐的，正是你的兄弟姐妹。所以，我们一定要敬爱、关心他们，彼此团结。

当然，我们大多都是独生子女，亲兄妹是很少的，更多的是表兄妹或者堂兄妹。虽然他们与我们不是一个父母所生，但对于他们，我们也要像爱自己的亲兄妹一样。因为他们的身上有着与我们相似的基因，从小一起嬉闹，游玩，有着共同的成长经历和体验。他们也是我们最亲的兄弟姐妹。

记得七兄弟折筷的故事吗？只有手足相连，兄弟姐妹连心，才能团结大家的力量，一起去抵御困难和挫折。所以，好好想一想吧，你有没有因为自己的一时任性伤害了自己的兄弟姐妹呢？你是否从心底里面爱着他们呢？为了他们你做了些什么呢？又可以做些什么呢？

故事奇宫

三兄弟分家

在遥远的古城里，有一户人家，父母双逝，大哥拉扯两个兄弟长大成人。兄弟三人成年后，都想各自独立生活，于是，便商量着分家。

然而，院子里有一棵古老的银杏树，大家却不知该如何分才能公平。三个人你看我，我看你，都没了主意。大哥主动让给两兄弟，但

是两兄弟谁都不肯独占这棵银杏树。最后，实在没有主意，兄弟三人只好决定把树从上到下分成三截，每人取一段。这样的分法可谓公平分配，谁都没有意见。他们说好了，第二天就砍树分树。

第二天一大早，大哥提着斧子和锯来到院子里，抬头一看，愣住了：昨天还好好的一棵银杏树，今天怎么像是要枯死的样子？叶子全都枯萎了，枝条也像被烧过一样，干裂粗糙。

大哥连忙去找两位兄弟，两位兄弟随大哥来到院子里一看，也都愣住了。这是怎么回事呢？兄弟三个相对无言，木偶一样愣在那里。

过了好一会儿，大哥忽然拍了拍脑袋，对两兄弟说：“我想树是不是不愿意我们把它砍倒分开？”

两个兄弟也似有所悟地喊道：“不错！不错！一定是这么回事。”

大哥对两兄弟说道：“这棵银杏树在我们家院子里生活了几十年，它亲眼看着我们兄弟三个长大成人。它不愿意把同根生长的根茎、树干和树梢分割开来，从而也教育我们，亲兄弟如同手足不可分割。”三兄弟至此不再想分树的事，连家产也不分了，大家愉快地生活在一起。银杏树也奇迹般地恢复了生机，比以前长得更加繁茂了。

Hi

私人学堂

你知道中国有名的宋氏三姐妹吗？

她们分别是大姐宋蔼龄、二姐宋庆龄、小妹宋美龄。她们以其各自不同的金钱观、爱国和权力信念与相应的影响而闻名于中国历史。

42 培养自己的毅力，永不放弃

书虫物语

你有登山的经历吗？爬到一半的时候觉得很累，于是决定坐在半山腰看看风景算了，放弃了继续爬的念头，也就错过了山顶的风景。

我们的学习与生活也如登山，如果遇到了困难和挫折就放弃，那永远也无法达到自己的目标，也不可能品尝成功的喜悦。常常看到小朋友选兴趣特长，头两天对美术很感兴趣，于是硬是让爸爸妈妈报了美术班，可学了两天，觉得画画又脏又累，又改学了武术，学了两天，浑身都疼，受不了了，再改学钢琴……这样下来，一种特长也没有。

无数的先例告诉我们，不论干什么总会遇到困难，但有毅力的人，不会轻易动摇，会坚持把事情做到底。而没有毅力的人，遇到一点点困难，就很轻易地选择放弃。

那么现在就开始培养自己的毅力吧。不管别人怎么说怎么诱惑，一定要坚持做完功课再出去玩。也许刚开始的时候很难做到，但是克服几次诱惑之后，你就会发现，自己开始变得越来越有毅力了；学钢琴手指疼的时候，觉得乐谱枯燥的时候，坚持让自己完成练习，你会发现，慢慢地，你也能弹奏《小夜曲》的一段了……

不要让困难成为你放弃的借口。无论是什么，咬紧牙关，告诉自己，“我一定能坚持到最后”！

故事奇宫

成功的秘诀

曾经，一个屡经失败的年轻人不远千里地寻见了一位哲人。这个年轻人向哲人请教道：“尊敬的智者，你能告诉我成功的秘诀吗？”哲人看了看他，然后递给了他一颗花生，说道：“你用力捏它，看看有什么结果！”

年轻人用力一捏，花生的壳便碎了，剩下了花生仁。看着裂开的花生，年轻人左思右想也得不出什么结论，于是，只有再次向哲人发问：“这说明什么问题吗？”哲人微笑着说：“那何不继续搓呢？”

年轻人只得遵照哲人的意思，结果，红色的皮也被搓掉了，只留下了白色的果实。

这一次，年轻人又犯了难了，“不就是花生仁吗？能揭露什么成功的秘诀？难道他是在故意糊弄我吗？”于是，生气的他把花生仁扔在了地上，准备抽身离去。这时，哲人叫住了他。他转过身，只见哲人拾起了地上被他扔弃的那颗花生仁。

哲人将花生仁递给了年轻人，并对他说道：“你试着再捏捏。”年轻人迷惑不解，但还是照着做了。可是，不论他如何用力，却怎么也捏不碎这粒花生仁。哲人叫他再搓搓，结果仍然是徒劳无功。

最后，哲人语重心长地告诫年轻人：“虽然屡受打击与磨难，失去了很多东西，但始终都要拥有一颗坚强不屈的心，这样才会有美梦成真的希望。”

私人学堂

你知道吉尼斯世界纪录吗？

无论是什么，只要能沾上一个“最”字，都可以记入吉尼斯世界纪录。

43 为自己设计一个美好的理想

书虫物语

美好的理想总是能够产生巨大的力量，促进人们去拼搏奋斗、不断前进。就像那只黑鸭一样，怀着美好的理想，不断去努力，终于能够在天空中自由自在地飞翔。

所以，我们每个人都应该为自己设计一个美好的理想。有些同学的理想是长大以后当飞行员，驾驶飞机飞上蓝天；有的理想是当优秀的设计工程师，设计许多先进的现代化仪器，为人们造福；有的理想是做一个成功的大老板，赚许许多多钱去帮助那些穷人；有的理想是当军人，去保卫美丽的祖国……无论你的理想是什么，都要努力地去实现它，否则就不是理想了，而是空想！想想，等你白发苍苍的时候，回首曾经的那些理想，却一个都没有实现，那是件多么遗憾的事情啊！

所以，如果你希望自己的美好理想能够实现，现在就开始好好学习吧，提高各方面的素质和修养，打好坚实的基础，这样才能一步步向自己的目标迈进！

只要有理想，并且不懈地努力，世界上就没有做不成的事情！还犹豫什么，赶紧为自己设计一个理想吧！

故事奇宫

州长的由来

罗杰·罗尔斯是纽约州第53任州长，也是纽约历史上第一位黑人州长。他出生在纽约声名狼藉的大沙头贫民窟，然而，他不仅考入了大学，而且成了州长。

在就职的记者招待会上，到会的记者提了一个共同的问题：是什么把你推向州长宝座的?面对三百多名记者，罗尔斯对自己的奋斗史只字未提，他仅说了一个非常陌生的名字一皮尔·保罗。后来人们才知道，皮尔·保罗是他小学的一位校长。

1961年，皮尔·保罗被聘为诺必塔小学的董事兼校长。在他上课的时候多了一项内容—给学生看手相。

有一天，当罗尔斯从窗台上跳下，伸着小手走向讲台时，皮尔·保罗说：“我一看你修长的小拇指就知道，将来你会是纽约州的州长。”当时，罗尔斯大吃一惊，皮尔·保罗先生竟说他可以成为纽约州的州长，着实出乎他的意料。他记下了这句话，并且相信了它。

从那天起，纽约州州长就像一面旗帜。他的衣服不再沾满泥土，他说话时也不再夹杂污言秽语，他开始挺直腰杆走路，他成了班主席。在以后的四十多年间，他没有一天不按州长的身份要求自己。51岁那年，他真的成了州长。

在他的就职演说中，有这么一句话。他说，信念值多少钱?信念是不值钱的，它有时甚至是一个善意的欺骗，然而你一旦坚持下去，它就会迅速升值。

私人学堂

你能列出几位因理想而成就自己的名人吗?

莱特兄弟凭借自己想飞的理想发明了飞机；史泰龙凭借自己的理想成为一名出色的演员；卓别林也是借着理想的力量才从滑稽演员变成了一名喜剧巨星的哦！

44 遵守自己许下的诺言

书虫物语

在你的周围，是否也有过说话不算数的人？他们说好和你一起去做某件事，结果失约了。他们答应可以带来你一直寻找的一本书，结果忘了个干干净净。这样一来二去，你渐渐不再相信他们，因为他们的承诺等于零。

同样，如果你总是对自己许下的诺言不遵守，比如“我今天晚上不看电视剧了”，或者“明天早上要在 6 点起床”，说了做不到，长此以往，连你自己都不会相信自己了。

对待你自己许下的承诺，应当像对待生活中最重要的人一样认真，尽你所能，全心全意去完成它。

遵守诺言是一种美好的品德，违背诺言、不守信用的人得不到别人的尊重，做什么事情都会碰壁。因此，当我们准备许下诺言的时候，要非常谨慎小心地对待，尽量考虑到各种可变因素和偶发条件，以防突然发生某些情况，妨碍诺言的履行。

尽管做出各种努力，有时意外事件还是会出现，造成不可能遵守某一诺言的情况，但是如果你重视这个承诺，你就应该想方设法去遵守，或者请求收回承诺。

花儿是春天的诺言，潮汛是大海的诺言，远方是道路的诺言。世界因为信守许多大大小小的诺言，肃穆而深情。

总之，我们从小开始，就要做一个信守诺言的人。

故事奇宫

失信的商人

从前有个商人，在本地办了一批货，取水路运往外地销售。船在河中顺风行驶，忽然浓云密布，狂风骤起，大雨倾盆，河水涨得很高。商人走出船舱查看货物，一股大浪袭向船头，把他打落水中。商人在水中挣扎呼喊：“救命呀!”

一个渔夫听到喊声，急急忙忙把船摇过来救人。商人看到渔夫，大声喊道："快来救我，我给你100两白银。"

渔夫把商人救起来，送进船舱，商人换好了衣服，拿出10两银子送给渔夫，说："拿去吧，这10两银子够你辛苦半年了。"渔夫不接银子，看着商人说："刚才你在水中许诺说，把你救起来给100两银子，而不是10两。"

商人满脸不高兴地说："你这也太不知足了，你一天打鱼能挣几文钱?现在一下子有了10两银子，不少了。"渔夫说："事是这么回事，理却不是这个理。即使你刚才不许诺给100两银子，我也会救你一命，但你既然说给100两，我希望你不要失信。"

商人摇摇头，跳进船舱。渔夫长长叹了口气，回到渔船。

一年后，商人又办了批货，碰巧触礁，商人再次滑入水中。商人再次向船夫求救。渔夫摇橹从商人旁边划过去，回头不紧不慢地说："喊信得过你的人来救命吧，我不要你的银子，可也不救你这种无信无义之人的命。"

很快，商人随着沉船在滔滔河水中消失了。

私人学堂

如何在细节中培养遵守诺言的品格呢?

1. 答应别人的事情一定要用心去做，如果遇到困难就请大家帮忙。

2. 不许诺别人自己做不到的事。

3. 对于自己没有做到的事情要及时道歉。

45 大胆地向陌生人介绍自己

书虫物语

有很多同学平时和朋友聊天说话的时候十分健谈，想说什么就说什么，想法表达得非常清楚。可是一到正式的场合，或者在很多人面前，或者在一个陌生人面前，他们就开始紧张了，身体发抖，满头大汗，不敢抬头看别人的眼睛，一直低着头，说话结结巴巴。

这是为什么呢？关键还是对自己缺乏信心，怕自己讲不好会被人耻笑，十分紧张。甚至出现结巴的情况。随着成长，我们总会去结识新的朋友，如果每次都那么紧张，那会失去多少好机会啊？细心观察的话，你会发现，那些乐观、大方的同学往往更容易结交朋友。所以，拿出自信，落落大方地向别人介绍自己，这样，别人才能更好地了解你，与你成为伙伴。

此外，我们平时也要多读书，积累丰富的知识，注意锻炼自己的口才，多和别人接触，改变自己不爱说话的习惯。这样长期训练自己，慢慢地，相信你的表达能力就会有很大的提高。

还在等什么呢？大胆、自信地介绍你自己吧！

故事奇宫

早　安

有一位犹太传教士，他每天早晨总是按时到一条乡间土路上散步。无论见到任何人，总是热情地打一声招呼：“早安。”

有一个叫阿米勒的年轻人，对传教士这声问候，起初反映冷漠。在当时，当地的居民对传教士和犹太人的态度是很不友好的。然而，年轻人的冷漠，未曾改变传教士的热情，每天早上，他仍然给这个一脸冷漠的年轻人道一声早安。终于有一天，这个年轻人脱下帽子，也向传教士道一声：“早安。”

好几年过去了，纳粹党上台执政。

这一天，传教士与村中所有的人，被纳粹党集中起来，送往集中营。在下火车、列队前行的时候，有一个手拿指挥棒的指挥官，在前面挥动着棒子，叫道：“左，右……”被指向左边的是死路一条，被指向右边的则还有生还的机会。

传教士的名字被这位指挥官点到了，他浑身颤抖地走上前去。当他无望地抬起头来，眼睛一下子和指挥官的眼睛相遇了一传教士习惯地脱口而出：“早安，阿米勒先生。”

阿米勒虽然没有过多的表情变化，但仍禁不住还了一句问候：“早安。”声音低得只有他们两人才能听到。最后，传教士被指向了右边一意思是生还者。

私人学堂

不同国家不同的见面礼节。

西方国家是拥抱亲吻致意；东南亚佛教国家是双手合十致意；日本是行鞠躬礼……不同国家有着不同的见面礼节，不过现在国际上比较通用的还是握手哦！

46 为自己种下一颗诚实的种子

书虫物语

故事中的小男孩因为诚实而获得了国王的赏识，从而幸运地当上了王位的继承人。与其他培育了奇花异卉的孩子相比，他的花盆里空空的，什么也没有。但事实上，他的花盆里栽培着世界上最美丽的花朵，那就是诚实的花朵．也正是贤明的老国王所寻找的漂亮花朵。

很多时候，我们常常埋怨种种不公平，为什么一样的学习，别人可以得到种种耀人的荣誉，而自己仍然是默默无闻。可我们是否好好地审视过自己的言行呢？我们用真诚去处事待人了吗？从小到大，我们的长辈都教导我们要诚实，不要撒谎，但我们真正做到的又有多少呢？诚实是一种品质，不应该因一时的贪婪或虚荣而将它抛于脑后。

真诚地对待生活，生活也将真诚地对待你。诚者为王，我们坚信这不仅仅是个简单的小故事，终有一天，我们也会因诚实而成为王者。

故事奇宫

樱桃树是我砍的

一天清晨，天刚蒙蒙亮，爸爸气冲冲地走回家中。他脸色严峻，寒气逼人，让人望而生畏。

“是谁把我的樱桃树砍了？为什么要砍我刚买来的一棵，那是一棵从英国买回的良种，花了我不少钱！”

“我没砍，我也不知道是谁砍的。”小乔治的哥哥劳伦斯小声说道。他生怕爸爸那铁硬的拳头落在自己的身上。爸爸把森严的目光投向了小乔治：“那么，乔治，你知道这件事吗？”

全家人都为小乔治捏了一把汗。小乔治犹豫了一会儿，突然大胆地抬起头来，看着爸爸愤怒的脸，态度诚恳地说：“爸爸，是我砍的。我不说谎，你教我不能说谎的。”

原来，在头一天下午，爸爸买来了一把新斧子，小乔治对斧子产生了兴趣，为了试试斧子是否锋利，小乔治走进了果园。恰巧，他看见果园里有一棵樱桃树，于是他就抡起斧子往树干上砍了几下。每砍一下，那斧刃都深深地嵌在树干里。

小乔治向爸爸讲述了事情的经过，静等着爸爸的严厉惩罚。可爸爸却没有批评他，他伸出双臂把小乔治抱了起来。接着，他说：“你虽然犯了错，但没有撒谎，这是很难得的。你的诚实的行动，胜过一千棵樱桃树的价值！”

小乔治，就是后来美国的第一任总统—乔治·华盛顿。

私人学堂

给自己列列不诚实的罪状。

______时，我撒了谎，原因是____________，如果下次再遇到这样的情况，我会____________。

47 面对困难或挑战，勇敢地试一试

书虫物语

不要什么事情都依赖爸爸妈妈，遇到新事物或困难的时候，要自己勇敢地去试一试。因为，一个害怕任何意外而什么也不敢尝试去做的人，到头来，将什么也没有，什么也不是。他们虽然逃避了痛苦，但他们也不能学习、改变、感受、成长。

你知道吗？鸵鸟在遇到危险的时候常常有掩耳盗铃的举动，把自己的头藏在沙土中以获得心灵上的解脱。在学习和生活中，很多人虽然也知道好多事情不能躲避，必须坚强面对，但还会在心底存留着那种逃避和寻求帮助的想法。

其实，困难也是欺软怕硬的，你强它就弱，你弱它就强。在我们成长的道路上，困难和挑战无处不在，无时不有。只有那些勇于迎战困难的人，才有战胜困难、夺取成功的希望。而那些贪恋蜷缩在温室中、保护伞下的人注定要在困难面前崩溃，不能够成功。

所以，面对困难的时候不能做缩头乌龟，而是要抬头挺胸，任它多大的风雨，总有彩虹出现的那一天。

故事奇宫

世界上最倒霉的人

班纳德是一位德国的老人，现年50岁，在这风风雨雨的50年间，他遭受了一百五十多次磨难的洗礼，从而成为世界上最倒霉的人，但这些也使他成为世界上最坚强的人。

他出生后13个月时，摔伤了后背；之后又从楼梯上掉下来摔残了一只脚；再后来爬树时又摔伤了四肢；一次骑车时，忽的一阵大风不知从何处而来，把他吹了个人仰车翻，膝盖又受了重伤；14岁时掉进了下水道，差点窒息；一次，一辆汽车失控，把他的头撞了一个大洞，血如泉涌；又有一辆垃圾车，倒垃圾时将他埋在了下面；还有一次他在理发屋中坐着，突然一辆飞驰的汽车驶了进来……

他一生倒霉无数，在最为倒霉的一年中，竟遇到了17次意外。

但更令人惊奇的是，老人依旧健康地活着，心中充满着自信，因为他历经了一百五十多次磨难的洗礼，他还怕什么呢？

私人学堂

你知道世界最高峰吗？

位于中国西藏的珠穆朗玛峰，海拔8848.13米，被誉为“世界之巅”。它被世人视为困难和勇气的象征，也被藏族同胞视为圣洁之地。

48 与别人合作完成一件事

书虫物语

在这个世界上，没有任何一个人能够完全具备所有的优点。每个人都有自己所擅长的东西，但在另外一些地方，却不如别人做得好。正因为如此，有些事情需要我们与别人合作，才能做得更好。比如在出板报的时候，如果只由一个同学做，效果不会很好。但是如果能够团结几个同学一起做，选题目、写诗歌、画画、书写，大家发挥各自的特长，共同努力，肯定会成功完成一期精彩的板报。

不得不说的是，我们中有很多小朋友缺乏合作精神，总觉得很难融入集体。小组作业的时候总会有些“内部矛盾”冒出来，你听听，“他可笨了”、“她总跟我过不去”、“他跟我的意见总不一样，特别讨厌”……其实，当你和同伴间出现矛盾，不想合作下去时，不妨想想自身的原因和责任。要知道，合作的前提就是相互尊重，尊重对方的观点和人格。当你撅着嘴嚷嚷着不想和对方合作时，好好想想你有没有尊敬他！

所以，只有以一种平和、尊敬、积极地心态去合作，才能取得好的成果哦！现在，就尝试与你的朋友、同学，甚至陌生的人，为了一个共同的目标而合作吧，团结的力量可以战胜一切。

故事奇宫

好嫉妒的孔雀

孔雀向王后抱怨说：“王后陛下，您赐给我的歌喉，没有任何人喜欢听，可您看那黄莺小精灵，唱出的歌声婉转而甜蜜，它出尽了风头。”

王后听它如此说，严厉地批评道：“你赶紧住嘴，妒忌的鸟儿，你看你脖子四周，是一条如七彩丝绸染织的美丽彩虹。当你款款行走时，舒展的华丽羽毛，出现在人们面前，就好像色彩斑斓的珠宝。你是如此美丽，怎么还好意思去嫉妒黄莺的歌声呢?和你相比，这世界上没有任何一种鸟能像你这样受到别人的喜爱。你要知道，一种动物是不可能具备世界上所有动物的优点的。”

孔雀还在那里抱怨。

王后又接着说：“我分别赐给大家不同的天赋，有的天生长得高大威猛，有的如鹰一样的勇敢，有的如鹊一样的敏捷。大家彼此相融，各司其职。所以我奉劝你打消你的抱怨，不然的话，为了表示惩罚，你将失去你美丽的羽毛。”

Hi

私人学堂

想知道如何与人合作吗?

1. 学会向他人请教是交朋友的第一步。

2. 学会经常换位思考，想想如果你是对方，你会怎么做呢?

3. 多参加集体活动。

49 掌握一定的文明礼仪知识

书虫物语

可想而知，下次仙鹤不会再请麻雀来吃饭了！像麻雀这样，一个不讲礼仪、行事粗鄙的人是永远不会受人欢迎的。可怜的麻雀到最后也没弄清楚自己的问题出在哪里。

那我们中有没有人也像麻雀那样呢？不懂得文明礼貌的人是很难被他人所喜爱和接受的。所以，我们一定要在平时的生活中培养自己的文明礼仪知识。这里我们就介绍一些：

在和别人—不论是老师、家长或同学交谈的时候，要多听少说。在倾听对方说话的时候，要注视说话者，不要东张西望，不要中途打断对方，让他把话说完。当有人为你递上一杯水，在街上为你指了路，捡起你掉下的东西时，你都应该向人及时表示谢意，对别人说声“谢谢”。走在路上或在公共场所，遇见老师、邻居、同学等相识的人，应该主动打招呼，问候致意。如果你或家人去别人家做客，要注意避免在吃饭和休息的时间登门造访。不能轻易失约或迟到。如因特殊情况不能前去，一定要设法通知对方，并表示歉意。

……

文明礼仪的内容有很多很多，只要你懂得仔细观察、学习，相信一定能成为一个懂文明、懂礼貌的孩子。现在就让我们开始实践吧！

故事奇宫

孔融让梨

孔融4岁时，他父亲的一个学生来看望老师和师母。为了表示对老师、师母的尊敬，还带来了一篮特别鲜美的梨。

父亲便把孩子们叫来了。6个孩子围桌而坐，母亲也在场。看着鲜嫩的梨，孩子们都恨不得马上塞进嘴里，但他们谁也没把手伸向篮子。没有父亲的发话，他们不知该怎么办。

“那好吧，孔融，你最小，就由你来给大家分梨吧。”父亲说道。

听了父亲的吩咐，4岁的孔融站了起来，他来到桌边，踮起脚，手刚能伸进篮子。他先拿起了一个又大又圆的梨，放到鼻子前闻了闻，随后双手捧着，送到父亲面前；他又拿起一个黄澄澄的大梨，欢快地来到母亲面前，递到了母亲手里。随后，他把篮子里又大又好的梨一个个地挑了出来，又一个个地送到了哥哥们的手中。最后，孔融拣起了篮中最小的一只梨，回到了自己的座位上，低下头吃了起来。

父亲自始至终都在观察着孔融的一举一动，到了这时候，便问道：“孔融啊，你为什么拣最小的吃？”“我年纪小，应该吃最小的。”孔融答道。

父亲的学生也被这情景感动了，起身对老师说：“老师，师母，小公子年方4岁，便能如此明了事理，将来必成大器啊！”

从此，孔融让梨的故事在民间开始广为流传。

Hi

私人学堂

中国何以被称作“文明礼仪之邦”？

中华民族悠悠几千年，沉淀下来的文明礼仪可以说举不胜举，名目繁多，现今的礼仪大国日本、韩国的许多礼仪还是从中国汉朝和唐朝流传过去的呢！故而中国被称作“文明礼仪之邦”。

50 认真准备礼物，为爸爸妈妈过生日

书虫物语

每个人都期待着过生日时的礼物和快乐，掰着手指头算，盼着生日赶快到来。那么爸爸妈妈的生日你是否也同样重视？你是否会有所表示呢？

很多同学都能够记住爸爸妈妈的生日，并且用心给他们过生日。他们有的用攒下来的零花钱给爸爸妈妈买礼物，有的替爸爸妈妈做家务，还有的给爸爸妈妈唱生日快乐歌。他们觉得给爸爸妈妈过生日是一件快乐和自豪的事。

但是，还有一些同学就不是这样了。他们往往很清楚地算着自己的生日，满心希望在生日的时候能够收到爸爸妈妈的礼物，却从没想到爸爸妈妈也要过生日。他们坦然地享受父母为自己创造的优越条件，哪怕这些优越条件的背后是父母艰辛的汗水甚至泪水。

面对父母给予的无私的爱，如果还只是以自我为中心，从来不主动关心父母的话，那么，他就永远是一个自私的人。自私的人永远体会不到世间爱的珍贵，并注定孤独。

所以，在你享受爸爸妈妈的爱的时候，也别忘了，在他们生日的时候，认真地为他们准备一份礼物，要知道，他们也是需要关心和爱的。

故事奇宫

妈妈，生日快乐

一天，他经过一家礼品店，看中了一件礼物，他很想买下来送给妈妈，可是这个礼物太贵了。于是他每天放学后先写作业，干完妈妈交代的家务活，然后走街串巷去捡纸箱或可乐瓶，卖给废品店。

就这样，他坚持了一年。这天，妈妈的生日到了，一大早，他就把藏在米缸后边的小铁盒取出来，把里边的硬币都倒出来，用发抖的手仔细数了一遍，仍然不放心，又仔细数了一遍。他差点惊呼出来，只差1角2分就凑够50元了！于是，他心里默默祝愿着今天能捡到足够的纸箱和可乐瓶。

夕阳西下的时候，他正扛着纸箱子急匆匆地往废品收购站赶。此时，收购站的那位伯伯已经准备关门了。他着急地叫道："伯伯，请您先别关门！"那人转身看见呼哧呼哧喘气的小男孩，说："明天再来吧，孩子！""不行呀！伯伯，请您帮帮我，我今天一定要卖出去！"听着这个已经是老顾客的小男孩的焦急请求，那位伯伯很不忍心地拉开关了一半的门。

拿到2个1毛钱的硬币后，他便飞也似的跑回家，取出小铁盒，然后又匆匆地跑到那家商店，买下了礼物。

他又一口气跑回家，迫不及待地走到妈妈面前，将自己用心血换来的珍宝放在妈妈的手里，说："妈妈，生日快乐！"妈妈很惊讶，她轻轻打开包装纸，里面包着一个红色绒布的首饰盒，盒内放着一枚百合花的胸针。妈妈热泪盈眶，这枚胸针是她收到的少数几个礼物中最珍贵的一个……

Hi

私人学堂

你能记住父亲节和母亲节吗？

母亲节是五月的第二个星期日。父亲节是六月的第三个星期日。记得在这一天向父母问候哦！

智慧少年

智慧少年